咬牙坚持，
你终将成就无与伦比的自己

夏苏末——著

作家出版社

图书在版编目 (CIP) 数据

咬牙坚持，你终将成就无与伦比的自己 / 夏苏末 著 .
—北京 : 作家出版社，2016.4

ISBN 978-7-5063-8897-9

I. ①咬… II. ①夏 ... III. ①成功心理 – 通俗读物

IV. ①B848.4-49

中国版本图书馆 CIP 数据核字 (2016) 第 086157 号

咬牙坚持，你终将成就无与伦比的自己

作　　者：夏苏末
责任编辑：丁文梅
装帧设计：仙境设计
出 品 方：北京中作华文数字传媒股份有限公司
出版发行：作家出版社
社　　址：北京农展馆南里 10 号　　邮　　编：100125
电话传真：86-10-65930756（出版发行部）
　　　　　86-10-65004079（总编室）
　　　　　86-10-65015116（邮购部）
E-mail:zuojia@zuojia.net.cn
http://www.haozuojia.com（作家在线）
印　　刷：中煤（北京）印务有限公司
成品尺寸：142×210
字　　数：150 千
印　　张：8
版　　次：2016 年 6 月第 1 版
印　　次：2016 年 6 月第 1 次印刷
ISBN　978-7-5063-8897-9
定　　价：36.80 元

目录

第三章　若当初够勇敢，结局会不同吗

第四章　不曾察觉吗，你是赏心悦目的

第一章

嘿，
磨难总是必不可少的剧目

别人眼里的失败，可能是你自己的成功

我曾经憎恨过一份工作，因为要做的事永远必须快人一步。

五月的时候，我要写下半年的工作计划，十月的时候我们单位就要在各种检查中辞旧迎新了。

坦白讲，在时间轴上加速前行的感觉一点都不美妙。每年十月底迎接年底大检查加班期间，我总会做噩梦：梦到墙上日历的数字无限放大加重，掉下来砸到我身上，然后我揉揉脑袋，打个哈欠，睁着迷蒙的眼睛继续在工作报告上记录未来时间中的已发事件。

这样细碎而虚假的报告，如被钝刀凌迟，实在无法回避"累觉不爱"这件事。

累得狠了，负面情绪如小兽突袭，哪儿哪儿都觉得不顺眼，最正常的天气变化也能在我乱糟糟的心情上横添一笔悲伤。

在这样的坏天气里，朋友信君发来消息：文庙7号摊，速来！

下班匆匆赶过去，各种烤串已上桌，男男女女一帮人嗨得合

不拢嘴。我对这阵势表示相当费解，我说今天非节非假的，你们这是唱哪出？

"妞，你还不知道吧，信君开业，这店是他的。"大丽最口快心直，嘴里塞着肉串还不忘回答我。

咦，这就是说我们以后的人生再也不用担心没串可吃了。在看脸的世界还有人品技能决定你的朋友是饭票不是炸弹，这必须是好事啊。

我扎在人堆里，看远处忙于应付众人的信君脸上笑出一道道褶子，突然想起我们高中暑假的那次集体练摊也是这么热闹，信君说此生最大的梦想就是当个烧烤摊老板，大口吃肉，大碗喝酒，酒足饭饱以后躺在夏威夷风情吊床上看吃烤串的姑娘来来往往。大丽说我要在古城墙下摆个摊做一个风流妩媚的女说书人。若若说此生只想学三毛，山一重水一重天天流浪到天明。卢杰说你们都是小儿科，"吹别人吹不了的牛，走别人没走过的路"才是我人生真理。

时间已然翻篇，当初许下戏言的伙伴已经在生活的轨道上各自转向。五年中，信君开了培训机构当老板，大丽成了旅行社导游，若若在县城当了小学老师，卢杰去了青岛的部队，而我则在镇政府当着一名小科员。我以为，我们都将这样平淡走完一眼望到头的人生，如今信君却打破了这平衡。我不知道别人作何感受，我自己是有些羡慕和嫉妒的。

回到家，我倚着书桌喝水时，看到一条吐泡泡的蝴蝶鱼，偌大的缸里鱼群攒动，只有它慢慢悠悠，不慌不乱，姿态很惬意。我把水杯放在桌子上，拿出鱼食在它脑袋上撒了一点点，路过的鱼群急不可耐地瓜分了它们，于是我特意又撒了一点来犒赏这条蝴蝶鱼。它慢吞吞地吃了一颗，依旧傲娇地慢慢游，也许在它眼里那些飘然而来的食物不过是偶遇的风景。我笑它的慢，它不理不睬依旧如故，仿佛在对我反讽：别自以为是了，我做得比你想的要精彩。

多数时候，我们习惯了着急地去实现九十岁的人生而完全辜负了生活的馈赠，以至于翻开从前的记忆，拍掉上面覆盖的灰尘后，发现它是面目模糊的。

1826 年，英国植物学家布朗用显微镜观察悬浮于水中的花粉时，发现微粒永远处于没有规则的运动状态，从此"微粒无规则的运动"被命名为"布朗运动"。年轻的我们何尝不是一颗悬浮在水中的花粉，心中涌动着没有规则的微粒，无畏无惧，挥发着热情，毫不吝啬地把心底那个看似无厘头的梦想拎出来让众人鉴赏一番：你想卖包子，我想开书店，她想当作家，他要去流浪……

是什么时候呢？我们蓬勃的心脏长满了抬头纹，开始变得在意别人的眼光，只要感觉别人言语里稍带着冷淡，玻璃心就摔在了玻璃上，一个人难过好多天。我们觉得生活没有简单快乐，只有简单粗暴，怎么选择都是困难重重的。我们来不及悼念青春便遮掉了眼里的光，掩埋了胸口的鸟，携着玲珑的心眼匆匆赶路，生怕一个不小心就追赶不上主流的人生。

人有时候就是这样，明明是自己想改变，却偏偏需要一点点外力，才能拨动自己内心的那根小神经。

我不愿意避免了伤害的同时也失去开始的勇气，也不想在老去的时光里继续害怕老去。

拎出藏在心底的布朗先生，说出发就出发。

余下的时间就尽情地阅读、思考和写字，有事没事用轻黏土捏几只卡通宠物，从飞乐鸟的基础教程开始学习铅笔画，每天都充实而忙碌，呵欠里都是满足的味道。

怎么形容这样的改变呢？

嗯，从懒散到积极的过程，刚开始就像不上镜的人被迫站在镜头下，僵硬，钝痛，勉强，渐渐成了一个捡到玩具的小孩，私藏、珍惜，不愿归还，最后它成了我身体的一部分，融进了我的骨血里。

这样的忙碌少了一份戾气，削掉了我对生活的偏见，因此度过的每一分时间都足够用心。虽然刚开始时也遇到过重重困难。曾有一次，我为杂志社策划的约稿赶了一个通宵，反复修改又重写，最后还是在复审的时候被枪毙。但是没关系，我心底的无厘头布朗更青睐与物质利益无关的雕虫小技，在这些绝对私人化爱好的活动里，我会慢慢发现心中的另一个想法，收获另一种感受，尝试用另一种眼光看待世界。

我相信，只要心底的火苗不灭，让梦想的枝丫开满鲜花，也并非难事。

你曾为自己的生活做过备份吗

L是我曾经的室友，准确地说，她是大学时混搭在我们财会系宿舍的经贸系姑娘。来校报道的那天，宿舍的几位姑娘身边都是标配了家人的，所以L一个人拎着超大的彩塑编织袋进宿舍的形象还是很震撼人心的。

整个大学，同宿舍的姑娘除了上课、逛街就是拍拖，而L兼职两份工作还加入了文学社、书协、记者站和交谊舞协会。印象中，那些热衷参加社团、一个活动都不肯错过的姑娘，都是活泼玲珑的，但L不是，她沉静寡言，态度温和，没有一丝侵略性，以至于常常被人忽略。可就是这样一个姑娘，毕业之后却让人眼镜大跌，做了各种让人羡慕又嫉妒的事情。

大学四年，L做过复印店的打字员，做过茶餐厅的服务员，做过通讯店的话务员，也在寒暑假里做过家教，哦，她还坚持做过一个学期的校园书贩，当时正值人人网大火，L从图书批发市场带回来很多考研教材，在网上向身边需要的人推销教材，她卖的书一直比书店便宜三四块钱，又送货上门，所以很受学生欢迎。总之，L在校的每天都是这副行色匆匆忙得很嗨的状态。最初，我们以为L这样疯狂工作必定有不得已而为之的苦衷，甚至略带同情地劝告她不要太辛苦了，L总是笑着点头，不做解释。

事实上，生活在安稳模式下的我们是不同的。我们轻装上阵，除了必要的学习，打发剩下的时间是随心所欲漫不经心的，拿着生活费畅快逛街尽兴恋爱，而L是负重上路的，她像一块磁铁，吸取的不止有专业知识，还有将生活掌握在自己手中的基础技能——经济独立，时间累积到一定程度，结果不言而喻。

大学毕业前夕，人人都无比勤奋地奔走在各种招聘和考试之中，尤其很多专业在选择工作时毫无竞争力，即使是热门专业，企业也更看重实践经验而对应聘者诸多挑剔，因此很多人面对不喜欢的工作选择了将就。

我的运气应该算是不错的，应聘到一家小公司混了半年经验，在杂志上陆续发表了文章，我很享受这种在文字里行走的感觉，初尝甜头后不免自大，以为靠写字可以实现温饱，于是任性地辞了职。

半年后，我已落魄到一块钱买三个馒头吃两天，更何谈负担每月六百块的房租。已是灰头土脸却仍旧想做最后一番挣扎，房子到期之前，我厚着脸皮在群里求同学收留，L向我伸来了橄榄枝。

那时，L工作之余已经开始筹备自己的书店，于还挣扎在赤贫线的我而言，这简直是灾难性的刺激。

经济上的窘迫让我心焦，坐等了二十天仍然没有一张稿费单，我再也无法将精力集中在写字这件事上，L看着我说："夏夏，你应该先去找份工作。"

我点点头，想着像 L 一样找份有底薪的业务员工作，结果 L 却皱了眉头，她觉得这个想法很糟糕。

"为什么？"我很诧异，这样既能解决温饱还有多余的时间写字，明明是很好的选择。

L 严肃地说："工作经验就像一张储蓄卡，而你在营销方面的经验储蓄等于零。这样你找工作付出的时间成本太高，即使找到工作，还需要长时间的磨砺，短时间里你的付出和获得成不了正比。"

"可是你这份工作也是没有储蓄过经验的呀？"

"我啊，大学时候就一直在做备份。"

她看了看我，坐到我身边，一边喝水一边说："高中毕业之前，我一点都不知道自己想要的是什么，志愿表也是在爸妈的参与下完成的。拿到录取通知书，我跟着旅行团去了很多城市，走的地方多了，我发现自己更渴望一个人无拘束地行走。有了想法，我开始有意识地在梦想清单上搭建金字塔，周围的同学都在热衷消费，我在考虑怎样在大学四年攒够存款。她们逛街的时候，我在复印店里打字，她们恋爱的时候，我去做家教。大三的时候，我已经攒到了目标设定的金额，一半储蓄一半理财。我即使身兼数职，也从不肯落下一次社团活动，加入书协练钢笔字是为了寄出的明信片都能美美哒，加入文学社和记者站锻炼自己是想记录在路上遇到的一切有趣的人和事，我挑战了这么多极限，努力在每一天里做着生活的备份，为自己的梦想清单做着准备，一步一步，慢慢前行。

"当然，这些工作经验的累积也让我有底气做更多选择，在超市做促销让我战胜了对陌生人的恐惧感和对被拒绝的免疫力，话务员的工作培养了我的耐心和揣摩人心的能力，我每分钟打字的速度在120字左右，可以同时兼顾跟数位客户的沟通，所以我能在贸易部如鱼得水，成为业绩最好的员工。"

我瞪大眼睛看着L。她真是个漂亮的姑娘，眉峰微抬，眸子乌黑，一身墨色长裙，从容自信，整个人熠熠生辉。梦想这个东西，倘若在心底生根，一腔孤勇的行动会给你鼓励也带给你打击，会让简单变得复杂沉重，而有方向感的理性规划只会让复杂的事儿变得简单。

L调皮地眨着眼睛，一把拉住我的手，"别发呆了，快点想想你做过什么。"

"哦，我还在早餐店包过包子，我姨妈开的店我暑假去帮过忙。"我有点回不过神，想了想说。

L眼睛一亮，问我，"一月多少钱？"

"八百。"

L眉角一动，灿烂的笑容飞扬出来。

"你再说自己没选择我跟你急，这不就是工作吗？"

我摇摇头告诉她，"我只干了不到两个月，没用。"

L说："没关系，这也是你对生活做过的备份工作，早餐店那么多，总有需要人手的。"

第二天，L陪着我避开早餐生意最忙碌的时段，到住处附近一家一家去询问，果然有家店正想招人，我快速地包了十个素馅大包之后，老板娘当场拍板，每天早五点到九点工作四个小时，早餐管饱，每月工资一千块。

我收拾心情披挂上阵。这份早点工的活儿，既解决了我的生活需求，也保留了我写字的时间。后来，长沙的一家杂志主动联系我，称他们看到了我这半年在博客上写的日记和文章，特别欣赏，邀请我去他们杂志社工作，这份工作对我太有诱惑力，于是我欣然前往。

有一天我加班时，一名青春洋溢的女孩向我询问杂志社是否招实习生，我突然想起L，曾经她也是这样一点点为自己规划着，不浪费每一天，为生活做着各种备份工作。

毕业五年，L有了自己的书店和咖啡馆，实现了财务自由的目标，如今一个人上路，去不同的城市看流转的风景。当初的设想已经一一实现，她寄来的明信片风景不俗，写下的寄语风姿翩翩，在网站上一元售卖着路上的故事，做着让人羡慕的春心荡漾的任由自己把握的事。

经历过低谷期，我明白了L所说的对生活做备份的意义。

无论青春如何恣意，我们怎样自我催眠自己是不老的如风少年，一旦踏入社会都不得不去面对那些未曾想过的问题：工作，婚姻，生活。收入微薄，点餐时选的永远是最便宜的，工作加量不加价，没有时间也没有勇气谈恋爱，房价高得让人绝望，加班后一身疲惫地躺在出租房狭窄的床上发呆，当初立志以一张单人床的遮蔽奋斗一套房的豪迈只敢在夜深人静时拿出来咀嚼，在这些汹涌而琐碎的烦恼面前，面对日复一日的平淡与重复，我们无力招架也焦头烂额，每天忙不停歇却依旧没有一点头绪。你想安慰自己，这是水逆，人人不能避免。

可是，你却发现，在这段异常艰难的时光里为生活做过备份的人，总是更容易挺过生活的窘迫。会做菜的厨子靠在有风吹过的地铁通道里弹着吉他，流水线上的操作工站在寥寥无几的剧场里说着相声，格子间的清洁工躺在逼仄的隔间里用手机敲着故事，他们不去纠结选择的性价比，不挑剔不嫌弃，早早就开始尝试各种工作，不凭个人喜好地去大量阅读，去发展自己的兴趣和爱好，把行动当成一种习惯，为此耗尽汗水也不觉得累。

因为起步早，又备足了后路，反而给生活添了无限生机。也许，你在早晨的地铁上挤成狗时，他已经从容不迫地在美丽的海岛上遛着狗了。

世界上并不存在真正意义上的障碍，有的是不同的心态和跑道，当你的才华还配不上梦想的时候，不要相信"不留后路，才有更好出路"的鬼话。梦想是珍贵的，但不留后路地追求梦想不是勇敢而是莽撞。备份是容灾的基础，用于后备支援和替补使用，为你的生活做些备份工作，备份最大的意义不是逃避，而是在你被灾难的发条紧箍时，学会换个跑道遇见新的可能。启动你为生活做过的备份项目，看起来胆怯输不起，实质往往不是那么回事，它所带来的安全感如冰箱于食物的存在。

食物有它的保质期，果蔬待在冰箱可以延长食用期，果汁和牛奶放在冰箱里冰一会儿口味更佳，而梦想也是这样。当你与梦想还距离尚远，不妨也把它放进冰箱，待默默振作以后，再来取走行不行？

你以为生活就是豆瓣的文艺小组吗

在有迹可循的有限生活里，好奇固执如我，读过很多虚构的故事，听过很多真实的人生，经历过一些挫折，明白了一些道理，也因此遇到了很多人。

我见过一些姑娘，她们在日光之下坚强彪悍，可总有那么几个月光倾城的夜晚，红着眼眶才能睡去。当清晨的微风拂过她们倔强而年轻的脸，拂过她们尚有些红的眼角，我能猜出来，这些眼泪里都包含了什么：痛哭过的深夜，有职场上的委屈，有感情里的遗憾，是对眼前生活的不满，是未来无望的沮丧。

不是她们脆弱，而是面对象牙塔内外的际遇，学会独立行走的过程里总是掺杂着眼泪的。

我有一个性格中天真与市侩并存的奇葩朋友，桃子。这家伙的纯真表现在性格上，爱笑，善良，对任何人都抱着近乎讨好的姿态，她的市侩则源于对朋友的信任，笃定对方不会计较她的粗心大意，转而将精力放在跟自己关系一般的人身上。

桃子担心毕业以后会失业，所以我们一群大傻妞瘫在家里软绵绵的沙发里吹空调的时候，她早早就申请了实习机会，去外地一家国企过上了白领生活。当然，毕业后她并未顺利地得到转正机会，却凭着这份实习经验，成功应聘到一家还不错的公司。

我们大学毕业两年，桃子跳槽去了深圳，终于过上了自己梦寐以求的大都市生活。但是，桃子很快在微信里发来泪奔的表情：业绩被老员工霸占，加班没有工资，被同事栽赃承担工作的失误，出租房逼仄狭小没有窗户……

我隔着手机屏幕就想泼她一脸水，让这个喊着活不下去的女人清醒清醒，这样的生活难道她选择的时候没想到吗？

可惜，我还未能将思想落实到行动中，桃子就迅速逃离深圳遁回了故乡，然后时隔不久，又光速奔去了北京。

这一次，我没有收到桃子的抱怨。

从她深夜发在朋友圈的信息里，不难看出北京的生活与深圳大同小异，租住的房子临着马路，从来都是车水马龙，一副修得很值的样子。心灵鸡汤的段子里隐藏着工作的刁难和委屈，还好，她总算学会了给自己打气。

后来，桃子发在朋友圈的消息越来越少，偶尔更新也是一些美好的事儿：做了个完美的PPT，看了场好电影，参加了分享会，学会了骑行。

一年后我休假去北京，躺在她温馨的出租房里好奇地问："怎么不折腾了？"

桃子龇着牙大笑，"能有什么，顿悟了呗。"然后，跟我聊起了这几年的经历。

她说，之前她一直靠幻想生活。毕业后的第一份工作安稳无激情，眼前是苟且，她幻想着诗意与远方，真正到了远方才发现它远远超出了她的预期。她借着乡愁狼狈回头，结果发现原地流淌的乡愁只是美好的臆想。

她沮丧地躺在床上，想不明白自己到底想要什么。

思想混沌的桃子去乡下外婆家的时候看到村头被弃住的老房子，破旧的沙发、变灰的墙面和巴掌大的旧日历是老房子关于烟火的最后回忆，接下来它开始不断地衰老，以至于她待在里面的每一秒都步步惊心，生怕风烛残年的它一不开心就自行了断，把如花似玉的她埋葬在希望的田野上。

第二天，桃子迎着几缕阳光走在儿时常去的地方，石头山前，小河流淌，村庄里的每条路都没有丝毫变化，这种平凡画面，无法用言语定义好或坏，却让人觉得特别没劲。当然，那一刻她感受到安全感对人与生俱来的诱惑，从小到大，我们总是习惯在自己熟悉的环境里沾沾自喜，精心打造迷宫却困住了自己。

待在家的那些天，桃子再没心情欣赏这些让人打不破的宁静，她所有情绪都化成一种焦虑，她开始无比渴望做一些改变，无论是好是坏。

于是，桃子再次出发，这次她选择了北京。

初来乍到，在深圳经历的一切几乎都在桃子的生活里重演。租不到合适的房子，她很害怕；工作迟迟定不下来，她寝食难安；年龄渐长，她忧心忡忡。可是，这又怎么样呢？生活在继续，自己做的选择再痛都要咬牙坚持。

桃子居住的这条马路上，常常有一群不甘寂寞的骑行人，他们踩着自行车，身材或瘦弱或臃肿，全副武装、全力以赴地冲向远方。桃子特别喜欢在晚上见到他们，那时他们的车子上会亮起小小的红色灯光，一群人的间距和节奏配合恰当，一闪一闪璀璨亮眼如繁星。桃子艳羡这样的自由和这种健康的欢快，所以报名参加了同城骑行活动，把所有的业余时间都投注其中，骑单车上路逐渐成了她生活中一个稀松平常的消遣。

我说真惨，然后我们靠在沙发上扯开了一包薯片。

桃子吃着薯片，跟我讲他们曾经遇到过的危情和故事，多数都很有趣。她身边这些骑车上路的伙伴囊括了各种职业与身份，有单车环游了全国之后安分工作的"程序猿"，有因女友建议而开始骑行的孱弱销售员。运动不仅强健了体魄，也改变了心智。这种心智的增长并非越来越宽容广博，恰恰是越来越挑剔，开始知道什么是自己喜欢的、想要的、重要的，并将之与其他做区别，而后专注其中。选择了的职业，能忍受它的枯燥和重复；选择了喜欢的人，能包容他的小固执和坏情绪，这过程有你很清楚的疼痛磨砺，但是如果不这么做，你也不会把它真实地融合进自己身体，变成生命里的一个部分。我听着这些故事，心底不由自主也开始向往这样挥汗如雨的尝试。桃子似乎看了出来，她看了看窗外暗下来的天色之后对我说："不用遗憾，明天肯定是晴天，我带你去骑行。"

我说，好啊，我要骑车去大理，仅限梦里。

桃子一脸崇拜，随即鄙视地假装要吐，然后我们笑起来。

我想我终于读懂了她 QQ 上那条万年不变的签名档，她写：你以为生活就是豆瓣的文艺小组吗？

当然，不是。

豆瓣文艺小组里的生活让人误以为单靠无遮无拦的情怀就能包罗人生万象，可现实生活不仅有批量的光荣与正义，还有无数荆棘挡道，在需要自己埋头播种的季节，见了一场海市蜃楼就误以为自己收获了秋天，是最大的作死。

生活不是豆瓣的文艺小组，也没有使用说明，每一秒都可能突发意外将你推向未知，你妄想掌控一切，绝不可能。未知路上的每一道路障，每一条岔道，都无法借他人之手，都需要我们自己一步一步探索，一个一个抉择。你无力抗争，又无法停止行走，这才是生活的本质。

当然，不想要批量的幸福感，没关系，做一份自己喜欢且向往的事情才是每个年龄段最大的幸福。

只要你高兴。

工作了几年的你，
是否还有勇气提高你人生的"容错率"

一月的时候，我的朋友 F 先生辞职了。

跳槽这事儿太常见，无非是从一家公司辗转到另一家，每年我身边总有人辞职有人跳槽，何况 F 先生工作七八年被别人慧眼青睐也是很正常的事儿，对此我并不觉得奇怪。

然而，事情并不如我想的那般。

F 先生告诉我他不准备再做图书编辑了，打算换个喜欢的行业重新开始。说实话，听到 F 先生这句话的时候，我是震惊的。

为什么？

因为 F 先生已经年过三十，尽管薄有积蓄，却无力对抗高额的房价。不仅如此，F 先生大学毕业到现在，八年时间内一直从事的都是编辑这个职业，独立负责过几个大的项目，也颇受领导赏识，如今改弦易辙等于放弃一切，简直比跌宕的股市还戏剧。

F 先生的宣言一出口，也引得我们的朋友群讨伐声一片，大家一致觉得这个决定太冒险了。三十岁以后的人生应该以稳妥为主跑道，工作是我们生存的依傍，F先生这样拿工作开玩笑，通常只会迎来噩耗。事实上，这样的结论也确实在F先生找工作的时候应验了。最初的两个月F先生很少接到面试通知，即使偶尔得到机会，也常常是去公司面试之后就无疾而终。

二十岁你可以豪言壮语立志在租来的单人床上奋斗出一套房，而三十岁再不肯向生活妥协就不再是勇敢而是毁灭。你看似一本正经地做出离开的姿态，自有残酷的现实教你学会"在不得不做中勉强去做"才是生活。

所以，朋友们都觉得F先生重回编辑岗位是最正确也是最理所当然的选择，一群人纷纷站出来劝F先生回头是岸。

二熊说："你一个图书编辑转互联网简直是天方夜谭，平面狗根本get不到挨踢（IT）狗的点。"

大杨说："这么大年纪了，劝你干一行爱一行吧，三心二意只会竹篮打水一场空。"

腻腻说："面试被刷下来，明显说明你不行。你身体素质在下降，大龄又思维保守，拿什么去跟年轻人拼？回归本职才是根本，别再妄想跨行。"

……

一群人七嘴八舌，F先生却只是笑笑不说话，然后就消失了。

嗯，任性的选择险些亏损见骨，总得留点时间去安慰那一部分失败的自己，这是可以理解的。

　　但是就在大家的话题告别了 F 先生，转而讨论起伏跌宕的股市行情，最后个个都没力气再说话的时候，F 先生结束万年潜水状态浮出了水面，在群里宣布了自己已经入职互联网行业，而且薪资待遇高之前一筹的消息。

　　群里沉寂了这么多天，终于沸腾了一把，在股市赔了一千块的腻腻嗷嗷叫："你丫是来拉仇恨的，赶紧发红包！"

　　F 先生爽快甩出大大的红包，我们抢得手嗨也不忘溜嘴皮儿。

　　我私下恭喜 F 先生攒了好运气，他苦笑，"哪有什么好运气，不过是不甘心罢了。"

　　F 先生跟我说，几个月求职受挫的现实和朋友们的意见都让他觉得心灰意冷，想听从大家的建议继续做编辑去。那天晚上，他坐在阳台上喝着啤酒解闷，准备第二天就找份编辑工作去做。酒后回到房间，他躺在床上睡不着，睡姿换了几个，最后摸到了膝盖处的一道疤。这道疤是 F 先生高考之后留下的，那年高考他的成绩并不理想，分数只能勉强读个三本。F 先生不甘心，干脆撕了录取通知书准备复读，奈何他们家的经济条件并不好，父亲劝他就此放弃读书早早工作。F 先生当然不肯，于是整个暑假他靠在建筑工地做杂工赚到了复读的学费，第二年拿到了南开大学的录取通知。

　　而那道伤疤，就是 F 先生当时在工地干活时磕伤的，只不过随着时间流逝，它变浅变淡了许多。

　　F 先生躺在床上想：既然之前我都不怕打倒曾经的自己，现在为什么轻易就退缩了？这些年我只知择善固执，可是不试过谁敢肯定善的对立面就一定是恶，也许试过才知道自己白固执了一场。

任性与莽撞只有一线之隔，做了决定的 F 先生并没有继续漫无目的地继续投简历，而是开始认真分析自己的弊端。

他从床上翻身而起，拿出一张白纸分别列出了自己的优势和劣势，然后查找了相关资料，最后将求职范围锁定在产品运营上，然后决定一条一条攻克自己的劣势。

针对思维保守的问题，F 先生就每天花费两个小时阅读知乎、果壳、豆瓣、新浪以及一些知名公众号的热议信息。然后，利用网络反复观看一些知名广告公司的成功案例以及其他自媒体平台的优秀策划方案，在大量研究了相关内容之后，他开始尝试着自己写文案，写推广方案。

两周后，汲取了基础知识的 F 先生根据知乎上的求职经验修改了自己的个人简历，并附上了两篇自己写的产品文案。

关于无相关工作经验的问题，F 先生是这样做的。他更新了简历之后，开始每天刷新拉钩网和周伯通招聘平台，目标锁定招聘产品运营的公司，然后一家一家打电话过去，居然得到了不少面试机会。F 先生每天都很快乐地去参加面试，不抱着求职的目的，而是抱着学习的态度。每一次面试结束回到家，他就会把面试官的问题整理出来，对已经掌握的问题温故一番，对不明白的内容就求助万能的网络来解惑。另外，关于数据分析的问题，F 先生在朋友的关系结识了一位运营经理，请对方吃饭的时候，对方给了他很多中肯的建议，也传授了许多职场经验。然后，F 先生还尝试着自己开了微信公号，慢慢打理慢慢学习。

三个月的时间，F 先生学到了很多互联网知识，保持了做编辑时的敏感，每天都在关注最新资讯，同时，他也跑了很多家公司攒足了面试经验。所以，后来收获心仪公司的 Offer 于 F 先生而言就不再是困难的事儿。

F 先生的故事让我想起一位娱乐圈的大腕实力派影帝梁朝伟，前段时间他刷爆朋友圈的影评《听见流星的声音》里提到自己曾经是家用电器销售员，后来在周星驰的劝说下违背父母意愿去考了艺员培训班，最后成了人生赢家。然而，我想说的是，如果梁朝伟读过艺员培训班之后没有大红大紫，而是一直做个跑龙套的路人甲，收入也不及销售家电高，你是不是要说："热爱没有什么卵用，任性最终是要付出代价的！"

时间是翻云覆雨手，在成长的道路上，我们也曾叫嚣过叛逆过旁若无人一心向前过，只是摔得狠了磕得痛了受到的教训多了，我们终于学会了妥协，学会了权衡，把自己从鲜活的少年活成了如今姿态麻木面目模糊的成年人模样，工作了几年的你，即使做着不喜欢的事，也没有更换跑道的勇气，失去了提高人生的"容错率"的力气，你习惯了靠感受去给一件事下定义，毕竟这要比用行动去判断实在容易太多了，不是吗？

若以成败论人生，我们显然都做了聪明的选择。但是，人生总是会有意外的，你有百分百的把握笃定自己保持现状只会更好不会更糟吗？

你谨慎了一辈子，你看似稳妥地生活，不敢损失地做决定，不过是怯于对生活包容，是容错率太小又不敢勇敢去提高而已。你以为生活只盛产残酷，却忘了它残忍的同时也自酿芬芳。你不够果断害怕坎坷，身边却总有人不断在向你展示一个真理：只有输过的人，才会赢得漂亮。

很多时候我们自以为稳妥的选择，不是因为热爱，而是为了给自己一个看上去还算不错的人生，所以你的选择必须要成功。而还有一部分人，在做出选择的时候谨慎又执着，因为心甘情愿所以不给自己留退路，只是朝着好的方向去努力，即使努力失败也因为这份心甘情愿而不觉得遗憾。所以，热爱演员这个职业如梁朝伟会说"我理解的成功，不是衣食无忧，不是获奖无数，而是你能否真正享受每一次努力的过程。"言下之意，因为热爱即使做个路人甲又有何妨。

而不再年轻的工作了几年的你，租住在公寓而不再住地下室的你，有了少量积蓄尝试理财的你，点餐不再考虑价格的你，究竟还敢不敢为了热爱，以自己喜欢的方式，来提高自己人生的"容错率"？

微笑常挂嘴边的人，为何偏偏对自己最刻薄

周六的清晨，舒韩赤着脚走到窗前拉开窗帘。男友出差外地，路边卖早餐的夫妻还没有收摊，宽阔的柏油路两侧的槐树枝丫稀稀拉拉，阳光撒着欢儿穿过玻璃照进来。她心情舒畅地伸了个懒腰，这样难得不加班的休息日，一定要好好享受。

洗漱完，舒韩去厨房倒了一杯水，然后，烤了几片面包，冲了碗燕麦，又切了一碟水果。早餐吃得心满意足。她洗了碗走出厨房，打算去看会儿书，再听点音乐。

从书架上选了一本新书，刚打开图书封面，Heart Skips a Beat 清新的旋律响了起来，舒韩看着手机屏幕闪烁的名字，心情变得烦躁。她一动不动，等待着手机安静下来。可惜终没能如愿，当铃声再次不依不饶地响起，她叹了口气，食指轻轻在屏幕上划了一下。

"亲爱的 S 姐，我刚才在厨房没听见。"

明明很厌烦，在电话接通的刹那，舒韩却不得微笑着向对方

解释。

电话那头如枪如炮的抱怨频频传进耳朵，舒韩只觉得头皮发麻。男友的姐姐 S 心情不好，事实上她郁闷的次数太频繁了，无论是正在发生的还是过去存在的，她一直在批判、抱怨、咬牙切齿，心情不好的时候她总会找舒韩倒一堆心情垃圾。只是这次，不知道是公司专门有人跟她作对了还是新来的实习生太任性，是新交的男友不够体贴还是前任不值得被尊重，无论怎样，她永远有办法像个黑洞将靠近她的人全部吸进去。舒韩在心底苦笑，做好了耳朵发烫的准备。

等 S 心满意足地结束通话，时间已经过去两个小时，舒韩原本轻松愉悦的心情飘进了一朵灰灰的积雨云。

舒韩深深地呼出一口气，为自己倒了今天的第二杯水。

水还没喝到嘴里，手机铃声接踵而至，这次的电话是男友的工作伙伴 W 打来的，她找舒韩帮忙："我姐姐家的孩子特别爱写文章，你才思敏捷发表了那么多作品，就抽出点时间给孩子指点一二呗。"

舒韩很想说文字这东西没有技巧可言，唯有多读多写多思考，但舒韩想到 W 在小区传播八卦的功力忍不住心颤，虽然男友一向低调又规矩，却也不想他因此树敌，只好点头答应，"没有问题。"

舒韩打开电脑，男孩请求验证的系统消息已经在闪烁。

舒韩还未酝酿好思路不知怎么开口，男孩的消息已经一条一条扑面而来。

"我想投稿，请问我该投给谁？怎么找到他们？"

"你都是怎么投稿的？"

"你能给我推荐吗？"

……

这些问题就像一摊还在生产车间里等待加工成汽车轮胎的橡胶却在畅想在高速公路飞驰的快感一样可笑。舒韩无奈地抚了抚额头，开始从研究杂志风格说起。

等舒韩从电脑中抬头，晃了晃发僵的脖子，时钟的指针已经指向一点。疲惫的她没了做饭的兴致，拿起钱包准备去楼下的面馆吃点东西。

面馆的砂锅刀削面做得非常好，汤浓味香，色泽艳丽的油菜裹着碎碎的花生，两颗嫩嫩的鹌鹑蛋浮在汤中，咬一口，顿觉人间鲜香溢满。面馆不大，不到三十平的面积，厨房占去了大半空间，两面墙围着长而窄的木桌，椅子也是木头的，墙面上挂着各种面的图片，进来吃面的人大多行色匆匆，很少像舒韩这样悠闲。

吃完面回家，书仍然静静地躺在茶几上，忙忙碌碌半天，新书的内容还没有看过一眼，舒韩心里的积雨云体积瞬间暴涨，甚至遮挡了阳光。她想要将手机关机，拒绝微信信息提示，拒绝各路来电，拒绝一切琐屑干扰她难得的一日清闲。

可是，她突然想起，昨天答应男友的妈妈要帮她朋友在淘宝下单，只能打开淘宝，拿起电话拨给妈妈。在老一辈人眼里，你下个单分分钟搞定，但你在网上要搜索店铺，要货比三家，讨赠品，讨运费，讨价格，隔壁邻居买的有赠品有运费，你帮着买的没有，对方会怎么想？于是，舒韩扎在淘宝里挑来挑去，选来选去，选定了一家店铺，满意地下了单，她松了一口气，但天开始黑满，这一天马上就要过去。

望着窗外厚重的天色，舒韩觉得呼吸困难，那朵压在心头的积雨云把她推向一个万劫不复的深渊，那些被压抑的情绪如暴雨倾盆而下。

她不开心，真的很不开心。

从何时起，她怎么成了现在的样子？她可以上午跟男友激烈地争吵下午再若无其事地打电话给他；她可以在奇葩伙伴的白眼里云淡风轻笑容以对；她屏蔽旅游屏蔽血拼屏蔽假期，她拼命工作，不敢懈怠，存折上数额在增加，好像就为了他人的夸赞，为了听别人一句"就应该这样"。

她终于长成了别人所期盼的样子，明明心有不甘，却不敢拒绝。

她小心翼翼，怕男友不高兴，怕朋友认为她不热心，怕未来的婆婆觉得她对自己不够重视。但，重视、热心、帮人忙的前提是你自己甘心情愿，乐意而为才对。可是想想自己这一天，她帮忙的事有几件是自己甘心情愿，又有几件是非她不可的呢？

大家为什么要找她呢？因为，她好说话。

毫无意外的，下次他们有事，还是会找她。

忙里偷闲的假期，期待万分的假期，忙碌了一天的假期，新书的内容她到现在还没看过一眼。

她在为谁而活？她在背负谁的人生？

她眼睁睁任凭原本属于自己的时间被其他的人或者事塞满，

她甚至没有意识到，她在自己的人生舞台剧里活成了一个死跑龙套的。属于自己的时间一再让位，最想做的事一次次被迫向后挪。她是微笑常挂在嘴边的人，却偏偏对自己最刻薄。

舒韩想，如果今天早晨一切按照计划行事，翻着书本晒着太阳，再听几首清新舒缓的歌，哪怕是拿出被别人占据的时间的一部分，这样的一天也是很美妙的。

舒韩心头一颤。

她在害怕什么？她有没有问过自己想要怎么？她的笑容为什么看着空荡荡的？

当下的社会，总需要交往才能维系人脉关系，除此之外还有亲人、爱人、朋友、同事，这些都需要你付出时间。作为一名姑娘，于感情在时间的投注比例更甚，你确实需要将时间奉献，但绝不是全部。

好的爱情，让你想成为更好的人，它允许你做自己。好的爱情不会捆绑你的手脚，更不会主张付出越多得到越多。相反，爱情最健康的相处模式是及时沟通：听听对方的想法，借给自己不同的入口，拥有更全面的视野，得到新的启发，让自己变得更美好。谈谈自己的感受，不要独自郁闷或者等对方明白。不论任何时候，勇敢的表达永远都比装聋作哑更动人。及时沟通，带给你最舒服的状态，这段感情也会更稳固。

为彼此着想，为自己而活。

夜幕降临，将手机关机，舒韩拿起茶几上的那本书。

不过是抢回自己的时间，有什么可怕的。

姑娘，这个世界没有人值得你羡慕

扫码即可收听本文音频

不知道是不是傻人有傻福，从我记事起，身边总是能发现一些优秀的小伙伴，时光的镜头几经变化，由近及远，再由远及近，而这些姑娘睿智的行动散发的闪耀光芒总能戳中我心，影响着我，也温暖了我。

汤丽和沈如都是我很好的朋友，汤丽光芒四射妙语连珠总是让人眼前一亮，眼光不由自主以她为聚焦的中心；沈如温柔体贴，与她相处的舒适感如同心里住进了太阳。

高考之后，我和沈如考到了同一所大学，汤丽则去了遥远的南方。

大三那年，我们仨都在为考研做准备。人总是这样，只要心中有梦想，翻看手中沉闷的书本也能生出披荆斩棘的英雄感。抱团儿的英雄感让人更鸡血，我们三个人彼此鼓励，相互打气，也笃定念念不忘必有回响。

只是，生活是个习惯于随手赠送挫折作为成长交换的小气鬼，

接受现实不是放弃，而是学会在现有的旧事物上拥抱新的快乐，在力所能及的小事上不犹豫不纠结，有想法就去尝试，你才有可能从容不迫地过自己想要的生活。

你是一位好姑娘，性格温和，生活积极，你听过很多版本的爱情故事，读过很多情感分析的书籍，积攒了很多两性交往的技巧，可就是谈不好一场平常的恋爱。

大约每个年轻人都有这么一段难挨的时光吧，我们以为发生在自己身上的悲剧是特殊的，自己正在经历的孤独和挫折没有任何人理解。

经过无奈才更珍惜爱，看惯了失望仍对生活不依不饶，这份静争力，是对自己真正的善待。

有些路，不曾一步一步亲自走过，又怎么会深刻感受用力过度的悲哀，而后才迎来
脱胎换骨的觉悟？

你身处黑暗的时候想要寻找光亮，却也是别人可以仰仗的希望；你羡慕别人的才情却也是别人的羡慕对象；你仰望别人的高度，却也是站在别人仰望的高度。

但凡世事都有正反两面，向日葵的背面也是有阴影的，让人艳羡的优点背后也有不为人知的心酸。

我允许自己悲伤一会儿，却不会用言语辩解，不会期望努力就会得到回报，不会以讨好的姿态换取尊重和喜欢，更不会因为别人粗暴的态度而停止前行，不违背内心，不和偏见硬碰硬，这是底线，也是生活赋予我的勇敢。

所以，并不是每一分努力的背后都有加倍的赏赐。

在考研这件事上我被刻薄得最浩荡，笔试未过直接阵亡。

汤丽和沈如过了笔试，最终却都与心仪的学校失之交臂。幸运的是，生活没有对我们赶尽杀绝，汤丽选择调剂到了一所不错的学校，沈如则得了保送的机会。但是，沈如的保送是有前提条件的，就是她要从行政管理转到法律专业，沈如想了想，最终还是放弃了。

之后，我们被命运开凿成河水，沿着要去的地方各自奔流。汤丽去了广州继续深造，我得到了北京一家公司的 offer，沈如在家乡成了一名大学生村官。

怀揣着万丈激情，我们奔赴新的生活。随着岁月的流逝，当初的雄心壮志在现实的残酷中逐渐灰败，我的人生停滞了。一个人在陌生的城市，陆续经历了失业、工资被克扣、出租房被房东提前收回这样一系列打击之后，对新生活的水土不服，让我开始频频回望过去。人在低谷的时候，无论当初选择这条路的时候有多坚定，总会生出选择失误的挫败感：无论你选择了哪一条路，另一条好像都是对的。所以，在很长一段时光里，时间都被我浪费在遗憾和感伤里，我时常在想：如果我再努力一点，是不是就可以像汤丽一样读研，在就业时就能多些选择。如果我能安分一些，是不是就可以与沈如一样轻松愉悦自在。

好在时间有它独有的良善，窘迫的经济逼着我向前跑。我找了新工作，挨过了最初的职场阵痛，在不断的学习和改进中，思维和视野也在不断提高，工作也稳定下来。

时间赠人阅历。一眨眼，我们都已经毕业两年多了。

汤丽在导师的引荐下去了一家研究所实习。

沈如报考了男朋友家乡的省政府办公室，从六千多人里脱颖而出，而且，她终于结束两年的异地恋，要订婚了。

她订婚那天，我和汤丽不远千里飞奔而去。

晚上，久违的三个人兴奋地并排躺在大大的双人床上。月光皎洁，晚风轻盈，我们咋咋呼呼收不住嘴。后来干脆开了瓶红酒盘腿而坐，大概是天亮之后的离别刺痛了神经，汤丽用修长的手臂揽过我和沈如，说："谢谢你们，在我最孤独无助的时候，温暖了我。"

汤丽的声音很轻，语速很慢，这句话却如万里晴空里一道不期而至的闷雷，击得人心头一颤。气氛一扫之前的温馨，伤感蔓延感染了我们每个人。一直无暇诉说的艰辛就此从我们口中倾泻而出，我才发现，原来，那个时候大家的处境都很艰难。

汤丽换了专业，新专业知识晦涩难懂，很多术语要从零开始学习，她一度绝望到想退学，甚至考虑是否跟我们一样放弃读研去工作。

沈如面临的问题是要不要放弃当时的稳定工作为了感情奔赴外地，在无数个万籁俱寂的深夜，学习疲倦了的她常常躲在床上抱着双臂失声痛哭。

而远在北京的我成了她们身在黑暗的一丝光亮，以积极的生活姿态带给她们坚持的动力，学会在该珍惜的时候坚定不移。

一个人深陷在低谷的时候，以为别人奔赴的都是光明，殊不知这只是我们自己对现实心怀偏见。你身处黑暗的时候想要寻找光亮，却也是别人可以仰仗的希望；你羡慕别人的才情却也是别人的羡慕对象；你仰望别人的高度，却也站在别人仰望的高度。

所以，姑娘，这个世界上没有人值得你羡慕。

你不要总觉得自己智商太低，情商不够。心生来就是偏的，生活的本质就是残缺的，没有什么选择是十全十美的，无论你怎么做，如何选，都难免会有遗憾。谁没失败过，谁没伤心过，谁没失恋过，谁没沮丧过，谁没痛哭过，谁的生活里不是接踵而来的大事小事烦琐事？大家被命运碾压的疼痛感是一样的，对生活的无可奈何也是一样的。所幸的是，我们每一个人独自在黑暗中行走，在没有人帮忙、没有人关怀、没有人陪伴的荒凉里，你的隐忍、你的积极、你努力抵抗世界的姿态都会成为他人眼底一抹绚丽的彩虹，成为他人面对苦难时仰望的一米阳光。你眼前的生活成了他人心中的风景，这何尝不是人生的另一种丰盈？

当然，就算大家选择了同一条路，也绝对不可能走到相同的地方，它取决于你的脚力和速度。

我们居住的这个世界，比你有才情的人有很多，比你懂生活的人有很多，比你能吃苦的人有很多，比你会选择的人也很多，可这没有什么值得你羡慕。

因为，你比从前的自己，也好了很多啊。

有人爱喝心灵鸡汤，你偏爱打心灵鸡血，就这么清醒而不盲目，知足而不满足，姑娘啊，你想去的地方何愁不能够抵达？

每一次加速成长事件，都不会让人两手空空

大雪之后，年轻的快递小哥敲开了门，请我签收包裹。

天寒地冻的日子，是谁还这么有心给我寄礼物？

带着这样的疑惑和好奇，拆开快递，褪去层层包装，那本熟悉的速写本呈现在面前的时候，我瞬间觉得呼吸困难，发达的泪腺蓄满了泪水。

速写本里夹着一纸明信片，娟秀的字迹熟悉得让人慌神儿：居然是她——向丽。

每个人的学生时代大抵都有过女神的存在，我读书的那会儿还没有女神这个词，校花代言了学生的审美标准。向丽就是这样的存在，她清纯美丽，谦逊有礼，被男生们藏在心底，让其他女生羡慕嫉妒。

我们就读的一中，是市里最好的高中，向丽的成绩很棒，二胡也拉得令人如痴如醉，颇受老师喜欢。我和向丽隔着一条马路分别住在不同的小区，中午、下午和晚自习，常常结伴而行，因

此结下了深厚的友谊。

但，这么美好的姑娘，却在高二的下学期突然从我们面前消失了。最初她只是偶尔旷课，只是行色匆匆，后来学校里就再也见不到她了。我曾去向丽家敲门，没人回应，陆续去过几次都敲不开门，隔了两周再去才发现房子换了主人，对方说向丽家把房子卖了。

那段时间，关于向丽的流言满天飞，有人说她办了休学，有人说她爸爸卷款跑了，有人说他们家得罪了黑社会……我在心底为她着急，可就是见不到她。

最后一次见到向丽，是在学校附近的街角，她看上去疲惫又憔悴，下巴尖尖，反衬得眼睛更大了。我跑过去问她是不是家里出了什么事，她摇了摇头，什么都没说。其实，有些心事是很难隐藏的，紧闭着嘴巴它会从眼睛里冒出来，我没再张口追问，是出于朋友间的默契。

时间是催熟的良药，日历上的数字自带闹钟模式，每天提醒着你解锁新的日子，我们有太多的事情要忙碌，那些无以言表的遗憾只好藏在心底，没法念念不忘，也不会期待回响。

只是我没有想到，我和向丽的重逢这么戏剧。

她在杂志看到一篇我写的关于高中时代的文章，于是顺藤摸瓜联系了杂志的编辑，要了我的联系地址。

快递里裹着的速写本正是我文章里写的那本。那时，我们高一在读，向丽喜欢在课外活动时间用钢笔绘画，手账一样，还摘抄了语录，我看着眼馋，自己也摩拳擦掌跃跃欲试，可惜绘画技术太渣，最后只好作罢。其实，现在网络那么发达，无论是通过微信微博或者任何一款通讯工具，向丽都能轻易地开启这场不会NG的重逢，但她却选择用原始的方式，在明信片上写下：分别十年，你还记得我吗？

当然，有些人从来不需要想起，永远也不会忘记。

有人说友谊这个东西没有舆论渲染得那么神奇，朋友不过是恰巧走在同一条路上，换了空间和时间，总会有新人出现旧人离开，听上去现实又薄情。事实上，真正的朋友无论在分别之后各自经历过怎样的人生，再重逢时，对彼此仍然是熟悉的。这种熟悉感不在于自我经历的相似，而是彼此在不同的成长过程中都变成了更好的人，因为你们的频率始终是相同的，我和向丽就保持了这种成长的默契。

我拨通了快递单上的手机号码，电话很快接通。

"向丽？"

"夏夏。"

我们只是喊着彼此的名字，便傻笑了半天，久别还能重逢，真好。

电话里，向丽讲了许多我不知道的事儿。

高二那年，向丽爸爸在别人的怂恿下开始赌博，最后不仅被人设计输掉了货款，还被迫签了五十万的欠条，对方和黑社会拿着欠条讨债不成便跑去家里打砸，一家人活得战战兢兢。两个月以后对方扬言若再不还款就要砍掉她爸爸的胳膊当作利息，向丽爸妈害怕极了，在一个晚上偷偷带着向丽和弟弟去了重庆。

人生地不熟，又没有启动资金，向爸爸找了份保安的工作，向妈妈则在一家生产卫生棉的工厂做活。向丽和弟弟因为不适应，学习成绩下降许多，父母之间经常争吵，弟弟初中毕业之后就再也不肯读书，去了一家汽车修理厂做学徒。向丽埋怨父亲毁了他们的生活，自从到了重庆，她便拒绝跟父亲交谈。

高考后，向丽只考上一所三本学校，她拒绝就读也拒绝复读，跟父母大吵一架后偷偷跑去了云南的姨妈家。在姨妈家住了几天，向丽便被在当地学校当老师的姨父安排去了一所山村小学体验支教老师的生活。生活条件的艰苦不言而喻，村子里没有网络，还常常停电，向丽每天不仅要教学，还要负责接送孩子们。山路崎岖泥泞，好在村子里民风淳朴，孩子们天真可爱，除了接送孩子的路上摔倒时的疼痛，其他一切向丽倒也欣然接受。

既然没有才华取悦世界，也没有自信抵抗世界，那么沉默就是最好的表达。向丽不想回家，也不愿意面对生活，她只想躲在安静的角落里过活，所以她来了没有想过离开。

但人生的毁灭与发展都由不得控制的，生活中总有些在别人眼里微不足道的细节对某个人却意义非凡，甚至让一个人从坚硬的铠甲变成柔软的果冻。

向丽来校一周，班里多了一名学生，这个孩子之前请了十天假。向丽发现，班里的孩子对他很冷淡，看他的眼神里写着一句话："如果闪躲不及自己就会遭殃。"

课外活动时间，这个孩子慢慢地怯怯地朝向丽走去，向丽一脸微笑，问他是不是有功课要问。

孩子羞涩地点点头，"想问问老师最近都布置了什么作业。"

向丽接过孩子递来的书，翻开课本，一股刺鼻的味道扑面而来，她看了看孩子黑乎乎的小手，努力让自己舒展眉头，提笔在书上标出作业，并耐心地告诉这个叫张林的学生，若是有不明白的地方随时问。孩子开心地道谢。这时，跑过来另一名学生，她看了男孩一眼，在向丽耳边小声说道："老师，你别靠近张林，他很臭的。"

　　显然，张林也听到了这句话，他脸涨得通红，眼眶也红红的，迅速转身跑回了自己的座位。放了学，向丽去孩子们家做家访的时候从别人口中得知，张林的父母长期在外地打工已经很久没有回家了，张林从小和爷爷相依为命。去年，张林的爷爷摔断了腰，因为治疗不及时就再也下不了床，张林要做家务还要照顾爷爷，时间长了身上难免染上味道。而且，张林的学习成绩一般，人也内向，做事比常人反应也慢，久而久之同学和老师都不待见他。

　　向丽心底很同情张林，因此在学校也格外照顾他，常常给他准备练习册和铅笔。孩子们的午饭都是自带的，向丽看过张林吃白水煮青菜的午饭以后，自己做饭时就多做了些，分给张林和其他孩子们。向丽发现，张林学习很认真也很刻苦，听课用心作业工整，即使他考试的成绩并不理想。

　　而生活的残酷在于它并不会因为一个孩子的努力而改变规则。屋漏偏逢连阴雨，张林的父母已经连续有半年没寄生活费过来了，村长辗转几番也没联系到他们，最后号召村子的人力所能及地帮衬爷孙俩。张林听到消息后，就再也不肯上学，每天早早起来去割草，伺候完爷爷，喂饱家里的母鸡，就扛着比他还高的锄头去农田干活。向丽去他们家找他回去读书，她告诉张林别担心学费问题，老师会帮忙的，张林只是沉默地低着头不说一句话，后来向丽和同学再去张林家，他就飞快跑掉以躲避他们。

张林的事打破了向丽心底的平静，深夜她躺在床上辗转难眠，脑袋里全是父母的身影。小时候，家里条件好，向丽也从来没吃过苦，她吃的玩的都是父亲去外地进货时从大城市里捎回来的新鲜物什，即使后来弟弟出生，她也未因此被父母慢待，相反父母更疼她。父亲脾气暴躁，用竹竿管教过弟弟，却没有对向丽动过粗。母亲温柔而善良，虽然常常唠叨，却从不舍得让向丽姐弟做家务。即使后来父亲赌博败了家，母亲也没抱怨，来了重庆以后，父母的争吵也只是争执钱的规划，并没有互相埋怨。再看张林的遭遇，向丽想着，若是换成她的父母，一定不会让孩子承受生活的残酷。而她离家出走，父母一定也受了很大的伤害，虽然姨妈已经及时跟他们联系了。这么想着，向丽一夜无眠，她再也待不下去了，早早起了床给姨妈打电话说想回家了。

姨妈没说什么，只说让姨父尽快安排。

向丽离开的时候，张林送给她一条玻璃制的手链，他说这个手链不贵，自己买得起，希望老师能收下做个纪念。

向丽问他，“爸妈这么长时间不跟你联系，怪他们吗？”

他摇了摇头，“爷爷常说父母是孩子最大的福报，我想爸妈，我等他们回家。”

向丽回到家，父母并没有责怪。向丽发现母亲的白发多了，父亲的背似乎也开始微驼。她的心没来由地痛起来，自从家里发生变故，她完全陷在自爱自怜中，从来没有关心过父母。向爸说：

"闺女，你长大了，有自己的主意，爸爸没有用，给不了你想要的生活。你想做什么都行，只是选择了无论是好是坏都别抱怨。"

向丽决定去那所三流本科，她不想给自己留下遗憾，在哪里跌倒就从哪里爬起来，这样才能给未来明确的留白。

向丽大三的时候拿到了英语八级证书，在网上帮人做翻译，大四那年，她考上一所二本学校的研究生，毕业留在广州的学校做辅导员。从大三到研三，向丽靠翻译工作赚足了学费，还有了一小笔存款，工作两年，她又存了一部分钱，为父母在重庆首付了一套房子。

听了向丽的经历，我有太多安慰的话想说，但又不知道如何说出口。

我问向丽："这些年，你过得这么辛苦，一定很累吧？"

她回答："还好，没有谁的生活是一帆风顺的。你所遭遇的每一件让你加速成长的事，都不会让你两手空空。既然躲不掉，就只好接着喽。"

挂掉电话之前，我问向丽有什么新的打算，她说还在攒钱，她和弟弟商量过，想帮父母开间小的超市，这钱马上就能攒够了。

成长的过程就像一面镜子，在逐渐消逝的岁月里，也许你从镜中所窥的景象并不美好，但是因着这过程你却可以重省一次自己，找到一个昂扬的凭借，为日后的所行所为赋予一层新的意义。有些遗憾以后无法弥补，可有些时候，有些人却让你对放弃甘之若饴。

比如，只有我知道的秘密，向丽的理想曾是做个自由不羁的女画家，而不是只知低头攒钱的女财迷。

请别在乎暂时的落后

去年年底，我从北京回到山东，结束了三年的北漂生活。六月底，坐车去新疆，十几个小时，从华东到西北，当我站在何梅漂亮宽敞的房子里，看着眼前的她眉目弯弯，笑容一如当年，心底由衷感到欢喜。

何梅是我最好的朋友，因为家庭的原因，她几次都险些辍学，中考放弃了重点高中的保送名额，转而去了技校学会计。对这样的选择，何梅心中有百般不舍和不甘，我们也都替她惋惜，觉得这实在太遗憾了。

这一场自带整合分流的中考，分离了同一空间的我们，有人留在原地去了复读班，有人换了跑道迈向社会，有人进了高中继续向前，还有人去了技校学手艺，每个人都有自己的路要走，每个人都在慌乱地适应着新生活。

我也是，因为慌乱而忙碌，尽管心里对何梅多有惦记，也只是化为嘴边一声轻轻的叹息。

再相遇，我们的年龄都已长了十岁。

大学毕业我在总部待了三个月被分配到湖南分公司，拖着沉重的行李箱从武汉辗转到岳阳，又坐着公交车绕了大半个城，灰头土脸地抵达公司，跟着人事部同事去员工宿舍的路上遇到何梅，那种他乡遇故知的兴奋如酵母，让这份欣喜成倍发酵。

何梅帮着我收拾好房间，带我去员工餐厅，我们吃完饭聊天时，她告诉我，在技校就读的三年，她陷入了前所未有的焦虑状态，常常一个人孤独地行走。公交车穿过小城的街道，窗外的阳光并不灿烂，往来的行人表情木讷，交错成的未知轨迹忽明忽暗，这让她觉得恐慌。

她清楚地知道焦虑之所在。

隔壁街头烧饼店的少女，她的邻居，曾是学校的优秀毕业生。每次看到她，何梅心底总会生出几分惋惜；她的漂亮室友从入校到毕业，精力都投注在谈恋爱这件事上，频繁翘课常常挂科，兜兜转转到最后既没收获爱情也没学到知识，她一定忘了，自己入学时的成绩有多好；她的学长弹得一手好吉他，在学校做的一切都是为找工作做准备，着急而忙碌地参加各种社团活动，毕业送行时，她亲眼看到他将蒙尘的吉他扔进了废品堆。

她站在人群背后，很想问问他们喜欢这样的自己吗？

她不喜欢。

她特别害怕未来的自己，没有成长为自己喜欢的样子，而是泯然众人，变成自己讨厌的样子。这种害怕，将十八岁的何梅困在自己的世界里，内心深处像是住进了一头蚕食神经的小兽，很痛很辛苦，面对汹涌而来的忧愁，何梅觉得自己太渺小，很灰心。

这种纠结与忧愁的情绪一直持续到何梅毕业。

在离别的站台，何梅没有丝毫的留恋，她拖着行李去了济南。

当未来将要来时，年轻的我们总是一脉天真，以为只要足够勇敢，未来就会璀璨。我们知道没有行动的理想可耻，并不知道没有准备的行动很狼狈。

久等未来的何梅心情太迫切，晚一秒她都觉得是对这座城市的辜负。

何况，她已经迟到了。

我们高考的时候，她在实习。我们走进大学的时候，她才毕业。

一直以来，何梅的梦想是跟我们一样读高中考大学，她的心之所向是济南。如果你也曾向梦想折腰，大概也能理解她藏在心底的凌云壮志。

何梅借住在亲戚家，历下区花园路，三室一厅的房间因她的加入而拥挤。晚上，何梅躺在床上望着天花板一遍又一遍忍不住心生欢喜。

但是，生活很快就露出了它狰狞的一面。

技校毕业生在省会城市的处境不止是尴尬，何梅在人才市场跑了两个月，都没有合适的工作。何梅为自己辩解，我只是不想变成自己不喜欢的人。现实甩来的耳光接踵而至：别强调你的情绪，哪个人身上没有隐痛。不是你的想法不行，而是，现在的你没有资格任性。

第三个月，何梅去了一家饲料厂做文员。妥协的原因很简单，亲戚家孩子怨声载道，何梅再也不好意思住下去。

饲料厂提供员工宿舍，何梅在办公室忙碌的同时兼顾厂里的往来账目，工作量和薪酬不成正比，并没有成为现实生活版的杜拉拉，却也让她在这座城市稳妥地生活，不至于捉襟见肘。

亦舒说："成长的第一步就是熟习失望。"经历了最初的波折，饲料厂的工作让何梅忍不住感叹若无闲事挂心头，便是人间好时节。

追梦的少女缺乏足够的生活技巧，所念想的总是直接抵达目的。然而，如果告别过去只是为了随手乱抓一个未来，那未来与过去又有何区别？在追逐未来的过程中，你经历的挫折、质疑、试探都是生活给予的考验，只有跨越它们，未来才会到来。

人生没有如果，只有结果和后果。

所谓成长，大抵就是不是在意失去什么，而是更愿意看到自己在失去的过程中收获了什么。得到与失去，每一件经历的事让你不断长大，又不会让你失去对生活的兴致。

在这家公司，何梅白天接着电话做着报表翻着账本，晚上翻着自学考试的课本，两年的时间过了13门科目，拿到了专科学历。

后来饲料厂合并，何梅去了湖南。

也是这一年，她恋爱了。

本科自考的学习还在继续，这期间何梅还得到了一次为期半年的培训机会，因为当时跟男友在理念上有冲突，她害怕自己去了总部，距离会导致两人关系破裂，所以放弃了。我忍不住唏嘘，问她是否后悔当初的决定，她笑着摇头。她说，女生对待感情很难彻底绝望，我珍惜这段感情，我努力把自己变成了胶水去黏合他，结果如何，我都不会后悔。如果当初我毅然飞去上海，然后失去他，我才会觉得后悔。

我对她说，在我身边，太多同龄人已经不把爱情当作必需品，是不是越理智的人越不容易得到爱？

　　何梅抿着好看的嘴唇说：我不这么认为。爱情不是败于难成眷属的无奈，它不是学问，不需要学习，而是一种本能，发自内心，难以遮掩。很多人把爱情当奢侈品是因为不懂得如何让爱情成为生活的一个部分，最好的爱情不会消耗你，而是彼此成长一起前行。

　　末了，何梅忽然狡黠一笑：忘记告诉你，再过一周我就要走了，本科证书已经到手，去的地方还是上海总部，去财务部做主管。

　　我为她欣喜的同时，也忍不住艳羡。

　　我说，恭喜你明明拼脸就能赢，却偏偏用智慧赢了生活。

　　"不，"何梅再次摇头，"我是想告诉你，当'我想'不代表'我能'的时候，安静下来，实现梦想的方式有很多，安静不是怯懦，是懂得在落满尘埃的生活里轻盈前行，纵使生存空间太小、前进的速度太慢，别担心暂时的落后，坚守住原则，总会抵达内心的繁华。"

　　我静静地看着何梅，看着夕阳的余晖洒落在她年轻的脸庞上，看着她安静从容的笑脸，不禁感慨生活的礼物从来都是为她这样不肯安分的人而特意准备的。

　　越是透明的年纪，我们往往越看不清生活的本质，才以为悲伤和快乐都显得那么深刻，轻轻一碰就惊天动地。当生活中遍布的荆棘，将你我打磨得粗糙而失去棱角的时候，我们学会了按部就班，安静地上班下班，掩埋掉旧时光，只想愿意想起的事，变得麻木而不自知。

　　有的人和我们一样，会被袖珍的烦恼困惑，也被沉重的现实所打击，心中揣着的某个梦想，却因为生活的艰辛而变得谨慎而羞涩。但不同于他人的是，她的小心翼翼不是因为周围人的脸色而假装安静，而是愉悦地进行蜗牛式的变身，也许暂时落后于人，离梦想也还太遥远，有无能为力的时候，也会痛苦沮丧，却从来没有想过放弃。他们相信，只要离开现在停留的地方，总能走完千山万水的旅程。

挫折会有，也会过去，眼泪流下，也会风干，没有到不了的远方，也没有实现不了的梦想。

何梅去了上海，我一个人在湖南吃着辛辣的菜饭，很努力地学着业务知识，感觉筋疲力尽的时候也会沮丧和焦躁。只是，一想到我们每次通话时，何梅向我发出的诱惑，失去的战斗力就会在瞬间恢复到满格。

我用了七百天拿到了总部的通行证，何梅却辗转去了新疆。

这一次的颠沛流离，是为一段感情。

时光如水，当我们变得理智，当我们已经开始运用各种方法为发生在自己身上的故事做着是否可持续发展的评估时，何梅对待它的态度还是一如当初那样掏心掏肺。

此刻，她终于定居在新疆，人生角色也从单身转换成已婚模式，未来的舞台上还有大把的角色在等她出席。

我一点也不担心她做不好。

这世界大部分人的生活都没有被打上柔光，多少热情被稀释，多少勇敢被冲淡，多少在一起变成曲终人散，多少人忙忙碌碌停不下来，哪里还记得自己曾躺在床上畅谈梦想的样子。只有她，头上顶着月亮，温吞也不炙热，持续的恒温却消费得起生活的动荡，经过无奈才更珍惜爱，看惯了失望仍对生活不依不饶，这份静争力，是对自己真正的善待。

谁都偷不走，这样的红运。

第二章

成长啊，
谁不曾与世界为敌过

被透支的有空以后

　　众所周知，民国女神张爱玲说过这样一段话："每一个男人全都有过这样的两个女人，至少两个。娶了红玫瑰，久而久之，红的变成墙上的一抹蚊子血，白的还是床前明月光。娶了白玫瑰，白的便是衣服上的一粒饭黏子，红的却是心口上的一颗朱砂痣。"我觉得这句话针对生活也同样适用，我们面对梦想与现实需要做出选择时，何尝不是如此呢？

　　你走在朝九晚五的职场单行线上，心底却像树木一样分着叉；你的梦想是做一名演员，而现实生活是你只是公司里的小职员；你的梦想是做一名画家，实际上你做的却是行走在固定线路上的地铁司机；你的梦想是做一个打拼出自己品牌的女商人，结果成了相夫教子的家庭主妇。很多时候你要么说服自己生活是没有公平可言的，你获得的同时必然要失去，要么在心底承诺自己等到有空以后一定会追逐，而事实上呢，当你身边的朋友不耽误生存的同时实现了梦想，你心里蛰伏的小怪兽会嗖的一下跑出来，龇着利齿咆哮：凭什么好事都让他占全了？

你沮丧地发现这种自带的负情绪，源于你对自己的失望，你离自己的期许，还有很远的距离。沮丧之余，你在心底也为自己打了一剂强力鸡血，决定不再辜负当下，要充分利用所有琐碎时间，做着这样的决定，你心里终归好受了一点。

但，身体的行动跟不上鸡血的决定，于是，你走过的时光留下了越来越多"有空以后"的褶皱：

有空以后，一定多给父母打电话；

有空以后，一定去厦门旅行；

有空以后，一定要去学法语；

有空以后，一定重拾水彩画……

这些被透支的有空以后，随便拉出来一项，你都能看到它背后的无数个理由：

换了新的工作，每天加班到很晚，实在没办法给爸妈打电话，等忙完这几天再说吧；

公司目前在做大的调整，人人自危，工作要紧，旅游以后有时间随时可以去；

终于熬过职场疼痛期，可是工作更多任务更重责任更大，学习的事儿先缓缓；

要换房子，要谈恋爱，要工作，每天的时间都不够用，虽然很想学水彩，那也得等到有空以后了。

……

你看，每个阶段的你，都有当下最重要的事要做，以至于十几岁就想做的事情到二十几岁的时候还在想。

我有位同学，爱美，偏科，高考的时候不顾父母的阻拦，在志愿表上的选择与自己的成绩相差甚多，结果可想而知。我们都为她惋惜，觉得如果她退而求其次，至少能有个归宿。

姑娘复读了一年，高考再次败北。

家里经济不宽裕，她还有弟弟，父母劝她"命里无时莫强求"，复读之后的落榜也耗掉了她所有的勇气。于是在父母的安排下，她去了威海一家电子工厂打工。在这家工厂，在一群初中毕业的工友身后，麻木地站在流水线上，她觉得自己格格不入。半年后她辞掉了工作，去当地小商品批发市场做了一名店员。

她很会根据风格为顾客搭配符合的配饰，让对方的整体造型瞬间变得出彩，这些配饰并不贵，所以，她不仅保持了遥遥领先的业绩，还引来了很多年轻女孩的追捧。而对于她而言，这份与金钱无关与美丽有染的工作，要比待在车间的流水线上快活多了。

饰品店的工作忙碌而满足，她在心底也为设计师的梦想而惆怅过，却已经没有勇气去行动。

有人说，人生最可怕最可悲的事情不是丢掉理想，而是看着理想成为笑谈。两次高考失利，父母善意的劝导，打工妹的身份，都让她的理想受到了伤害，她避而不谈，以为这样就可以抵抗生活的偏见。

一天，她为顾客挑选配饰，对方大为惊艳，夸赞她"完全可以做一名专业的设计师"。类似的肯定越来越多，心底封尘的念想再次冉冉飘起，这一次她没有犹豫。

Idea 有了，知道自己想要什么，就毫不犹豫地去执行。

那时互联网营销的概念刚刚兴起，她在淘宝注册了店铺专卖配饰，因为物美价廉聚集了人气和关注度，同时积累了自己人生的第一桶金。网店的生意稳定以后，她找来表妹帮忙，自己则去学了色彩和服装搭配。

她开了一家实体店，出售自己设计和搭配的服装及配饰。

后来，一位设计师偶尔来到她的小店，与她一谈如故，带她在身边做了关门弟子。

十年后，她已经是服装界知名设计师，有了自己的服装品牌。

梦想怎么才会向你投降，只有利用了所有可用时间的人才知道。

我还有一位邻居，从小爱写作。初中时，父母担心她因此偏离正轨，没收了她所有的课外书，并勒令她不准把过多的时间浪费在写作上。

她大学读的不是中文系，而是按照父母意愿填报的会计学。

大学四年，她进了文学社，学习专业课知识以外的所有时间，都奉献在写作这件事上，她坚持每天读两篇名家经典文章，坚持写读书笔记，坚持每天写日记，坚持向杂志社投稿，直到大三才有文字陆续发表。微薄的稿费显然不足以维持生活，姑娘毕业去了一家外企做财务，后来回家乡参加了事业编制考试，成了街道的一名小科员。工作轻松，同龄人按部就班地结婚生子，姑娘却依旧把重心放在写作上，同事冷嘲热讽，家长气急败坏，她统统不理会。直到几年前，她出版了自己的第一本图书，收获了一批忠实的读者，还不错的销量引来不少出版方谈新书的合作，也引来一些大学生团体的讲座邀请，最后辞职专职写作，曲线救国地完成了生活与梦想的并行。

梦想不是遥不可及，不懂透支"有空以后"的人都在证明。

在这个喧哗浮躁的世界，言论自由引发了无数不需要负责的放纵，生活中那么多本是随手可做的事儿，都成了你口中的有空以后，这些被你随意透支了的承诺，带给你和别人的是逐渐生分，带给你自己的是沉重的伤害，而你还毫无知觉。

人生短暂而仓促，日复一复像流水，哗啦一下就更换了季节，别再顾忌那么多，想做的事无论做对或者是做错，都抓紧行动吧。而每一个行动，都会在你的生命里闪闪发亮。

在最好的时光，请捡起那些曾被你随意透支的"有空以后"，用尽全力去做一件事，去爱一个人，去成全自己，成为自己。

听说，你又原谅自己了

　　周末在外闲逛，在广场看到一位衣着时尚的老人正陪着孩子玩耍。孩子很小，走路的时候有些晃，因为太兴奋跑起来，不可避免地摔在了地上。孩子坐在地上揉了揉眼睛，咧开嘴巴正准备号啕大哭。老人迅速跑过去搂住她，一边扶起她，一边责怪道："都怪这个破地，把我们家宝宝都摔疼了，奶奶打它。"说着就用脚踩了踩地面。孩子学得有模有样，皱着棉花糖一样白嫩的小脸，双手攥成小拳头，右脚铆足了劲向地面踩去。

　　仔细想想，这样转嫁错误的责难，不只是发生在孩子身上，在成年人的世界更是多见。

　　穿过一条车水马龙的柏油路，槐树沉默地打着盹儿，年轻的姑娘垂首走在路边，右手拎着复古的包包，左手拿着几份简历，步履不停嘴巴也没闲着，一边走一边跟同伴抱怨，"看看咱们这个破专业，这都两个月了，简历投了无数，愣是找不到一份心仪的工作。都怪我爸妈，当初报志愿的时候说这个专业就业前景好，结果毕业了处处吃闭门羹。要不是他们帮我做了错误的选择，我根本就不用承受这种艰难。"

卖饰品的街边摊，麻雀虽小却五脏俱全，铺在地面的宝石蓝绒布上琳琅满目，手镯、手链、戒指、发夹等整齐地摆放在一起，摊主水嫩的俏脸染着薄怒，正在抱怨她的伙伴，"昨天补货的时候我跟你说多拿一些盘发夹，你非得不听，结果这一上午咱们什么都没卖就盘发夹全卖光了，要是你昨天肯听我的话，现在也不会眼睁睁错过几单生意了。"

街角的咖啡店，隔壁桌坐着一对情侣，女人的声音如她的长裙一样漂亮，可惜负面情绪破坏了这份美丽，她正在向男朋友发难，"你为什么总是这么不争气，我想买的衣服，我喜欢的鞋子，通通买不了。别的女生轻易就能获得的东西，我却只能饱饱眼福，凭什么呀？哎，自从跟你在一起，我的生活质量都下降了。"男人拉着女人的手一直在低声道着歉，女人则喋喋不休。

你没有过上你想要的生活，于是，你就按照你生活的去想，将自身的错毫无道理地归咎出去。

既然对专业的选择不够满意，感觉就业前景一片惨淡，学校转专业申请的考场上为什么没有你的身影，弥补不足的选修专业课上也未见你埋头苦读？读高中时，你可以怪罪父母选了一所烂学校，但是大学毕业的你依然只知道怪罪，也只能责怪自己，因为在这么漫长的日子里，你没有为生命注入新的东西。

如果对生活的规划那么笃定，预见前路光芒万丈，认定盘发夹就是比其他首饰热销，在遇到反对意见的时候为什么不见你据理以争？车走车路，马走马路，理性分析是聪明人的砝码，敢想也敢做是强者的秘籍。你这个有砝码的聪明人，做了思想的巨人行动的矮子，事后最该埋怨的难道不该是你自己吗？

那位埋怨爱情降低了生活质量的姑娘，你要知道认同最基本的层次就是实体事物认同，既然把你的欲望投注在幻影里，就该做好幻想随时破灭的心理准备。个体的独立表现在清醒而自知，始终知道自己该做什么，爱人可以信赖而不能依赖，向往果实的丰盛就应粒粒皆辛苦地去播种，安全感在你自己手里，将盲目的不忿不甘转嫁给对方不是强悍是虚弱。还有那些挣扎在不幸婚姻里，对孩子嚷嚷"要不是因为你，我早就离婚了"的女人，也同样是虚弱的，没有承受的担当，没有改变的勇气，只能将自身的过错转嫁出去。

其实，当你对别人发出责难的时候，往往也会造成对自己的二次伤害。

我的朋友辛逸告诉我，她小的时候常常会遭到父母的打骂，家里的玩具坏了，钱包里的钱少了，新买的衣服破了个洞，诸如此类的事情，都会遭来一场责骂或体罚，他们从来不肯听她的解释。朋友说，这种不断被人否定的感觉，像雾霭笼罩着她的人生。而她的家也是常年硝烟弥漫，父母永远在互相指责，自己犯了错也会怪罪到对方身上。比如，初二那年家里准备换新房，父母分别看上了两个小区，各持己见争执不断，好不容易母亲妥协了，结果双方又在对旧房的处理问题吵得不可开交。后来，父亲坚持卖掉旧房子的三个月后，房子遭遇拆迁，母亲埋怨父亲一意孤行不听人劝，父亲梗着脖子骂母亲是事后诸葛亮，争吵升级成肉搏，夫妻双双都挂了彩……

辛逸高考那年报考了距离家乡很远的学校，独自在异地求学直到工作，这期间遇到的任何麻烦，她从来没有对父母说过一句，因为她知道自己不仅得不到丝毫安慰，还会遭到父母严厉的批评。自从辛逸去了外地，父亲最常说的一句话就是"你不是能耐得很吗？"大学毕业那年，辛逸在下班回来的地铁上丢了钱包，囊中羞涩的她吃了一个月调味料蘸馒头也没跟家里透漏丝毫。她说不想跟家里说，并非是害怕父母担心，而是他们知道以后只会责怪她粗心大意，咎由自取。

现在，辛逸和父母之间的关系寡淡而矛盾，她每周固定时间给父母打电话，每月发下来工资会给父母汇款，看到合适的衣服也会给父母邮寄，可是因为长久累积在心底的否认盘踞在心底，辛逸很少回家。偶尔回趟家，父母开口依旧是批评，虽然言语里藏着单薄如蝉翼的关切，即使彼此有爱也被岁月切割得七零八落，这样的状态对彼此而言难免遗憾。

可能我们每个人身边都有这样一群人，看似强悍独立牛逼，其实比常人更脆弱、敏感、不堪打击，思维模式套着硬壳儿，习惯性抱怨生活的种种不如意，严于律人又宽容待己。遇到对方转嫁过错的指责和埋怨，真是一种无可奈何的体验，罗马不是一天建成的，哪有那么多愚公费力去掰你坚硬的保护壳呢。

我们无法避免被人转嫁过错，但是可以选择不做转嫁过错的人，也不为别人的责难买单。勇敢地正视自己过错的人，比转嫁错误于无辜的人，更容易获得尊重和幸福。而且，如果一件事你只是一味躲避没有勇敢地去解决掉，它会辗转反侧再次席卷而来，生活是严厉而古板的，它会让你一次一次为相同的过错买单，直到你学会正视它解决它。

去年长假，辛逸与朋友聚会回来摔伤了腿，深夜里，父亲背着她跑去路边打车，母亲紧跟在他们身后，在医院办手续做检查，两位年迈老人奔跑起来如脚下生风。辛逸躺在病床上静静地听着父母的责骂，听他们抱怨她这么大人什么时候才能让人省心，第一次没有皱起眉头，心底反而涌出莫名的幸福感。

父母依旧爱互相指责，也习惯对辛逸发出责难，如今她都一笑而过。

有些障碍，唯有跨越它，你才能安心往前走。

纪伯伦说："我的心灵告诫我，它教我不要因一个赞颂而得意，不要因一个责难而忧伤。在心灵告诫我之前，我一直怀疑自己劳动的价值和品级，直到今日为它们派来一位褒扬者或诋毁者。可是现在，我已明白，树木春天开花夏天结果并不企盼赞扬，秋天落叶冬天凋零并不害怕责难。"

不转嫁自己的错误，也不惧别人的责难，悲伤了就抱抱自己，犯错了也别轻易原谅自己。

愿我们身边的每个人，善者得乐。

你以为是幸运，别人却拼命才得来

三十岁的辛薇，是一家三级甲等医院小儿科 ICU 监护室的护士长。

辛薇十八岁中专毕业。那年，她跟同学在医院实习并专心等待安排，结果学校传来噩耗，四年制的班级不再分配。辛薇是国家政策里最后一届包分配的中专生，她读中专的目的就是为了早点就业减轻家中负担，只是谁也没想到命运却这样开起了玩笑。

因为没有门路进医院，私人诊所工资低得可怕，辛薇只好放下专业应聘到联通公司做了一名营业员。

不得志的人对待生活无非两种态度：顺应或者抗争。而不得志少女辛薇心里憋着一口气，她觉得自己并没有得到想要的生活。

所以她做了一个决定：参加高考。

通讯公司的工作节奏紧，任务重，辛薇因为额配任务每天忙得团团转，下班后常常已经累得没有说话的力气。回到租住的蜗居，她就着白开水匆匆吃掉路上买来的包子就开始伏在桌子上学习。房间狭窄，深夜的灯光昏暗得像一场幻灯片，日复一日映着陈旧的墙壁和少女的背影，寒冬时她捂着三层薄被，酷暑时就把双脚泡在水盆里。

辛薇把书本翻过两遍，仍觉得时间消逝得格外快，因为高考时间到了。

那天，她跟很多学生一起坐在教室里答题，两天的时间，五张试卷，文化课加专业课，将四年中专加一年自学的知识累积都交待其中。

经过两个月的忐忑等待，辛薇最终幸运地拿到了山东医科大学的录取通知书。

拿到通知书那天，辛薇兴奋得手舞足蹈。

开学前一周她辞了职，也终于攒够了一年的学费和生活费。

在大学里，辛薇是班里最努力的学生，每天早晨六点起来，抱着单词书去偏僻的地方朗读，坚持每天将老师布置的作业完成，空出来的时间大多泡在图书馆看书，每天回来的时间都卡在熄灯前半小时。

即使这样努力，大学毕业的时候辛薇也没能留在实习的医院，一是医院名额有限，二是学校里多的是优秀又长袖善舞的学生。

后来辛薇在一次面试中，凭借出彩的口语被外地一家医院录取。

在医院的生活很忙碌，除了工作，辛薇其他的时间几乎都被医院各种考核考试填满，同一批进来的同学怨声载道，逐渐把所剩无几的业余时间都用在恋爱上。辛薇则默默地捧着书本，为在职研究生考试做着准备。

研究生毕业那天，辛薇拿出平日积攒的休假去了青岛。她从小喜欢大海，二十六岁的她打算犒赏一下自己。

短暂的几天，只能走马观花，辛薇尝过了街头的美食便沿着长长的海岸线徒步，一个人走走停停，八大关人头攒动，有嬉戏的年轻情侣，有沉默的中年旅人，也有悠闲踱步的老者，他们彼此偶遇又彼此擦肩。辛薇坐在堤岸边，双脚晃悠悠地悬在海面，海鸥低低地飞过，海风挟裹着咸湿黏腻的味道，远处是游游荡荡的船只，夕阳的余晖将整个世界笼成一朵玫瑰，她的心里暖作一团。

这三年里，辛薇在工作中凭借过硬的专业素质从小儿外科的普通护士调到小儿内科做护士长，与此同时，她也结了婚有了宝宝。

一年后，辛薇转到 ICU 监护室，又过了两年，她成了院里最年轻的护理部副主任。

你以为我写下辛薇的这段经历是为了证明"生活没有捷径，唯有读书才是真理"吗？

不是这样的。

我想说的是，虽然我们不是那种从小含着金汤匙出生的人，拼不了爹也没有其他依仗，但为了与自己渴望的生活更近一点，才要更加的努力。

生活里从不乏优秀的人，他们或天赋异秉或聪明伶俐，总能轻易获得命运的青睐。而有一种人，也许从小到大没有金光闪闪过，但是他们有目标肯努力，最后也成了我们身边耀眼的那个人。

目标明确的努力，也是一种天赋。

我做财务会计的时候，结识了王姐。

王姐三十七岁，老公是我们市国税局的局长。我们办公室的一群同事私下在羡慕之余也难免揣测：不在家做官太太，跑出来做个小职员图啥呢。

王姐气质出众身材也好，衣服几乎每周不会重复，我每天在办公室看到王姐，都有一种走进时装秀场的错觉。

王姐是销售助理，负责公司订货单的输入，但她经常会向我请教一些财务基础知识。我们熟络以后，王姐告诉我她在自学财务会计，并且打算去考会计从业资格证。会计学科目复杂，王姐学得很吃力，我便建议她去买本会计准则实务操作类的书结合基础会计一起学，第二天她的办公桌上就多了一本小企业会计准则实务操作。

当时，我们所在的企业业务并不繁忙，月初和月底之间的时间都是闲置的。办公室里很多同事都靠聊天和上网打发时间，王姐却从不参与其中，她的时间都用在学习上，随便翻开她的一本书，你都能看到密密麻麻的笔记。

但是第一年，王姐的成绩差强人意，只是拿到了电算化会计证而已，直到第二年，才以勉强超出及格线两分的成绩险险过关。

我辞职的时候，王姐邀我去她家小坐。她说："丫头，你来我家认认门，以后记得来找我玩。"

王姐住的是复式花园洋房，装修并不奢华，但是非常整洁。在她家，我看到一整面书墙，我问王姐是她的藏书吗？王姐说不是，只是她和老公日常阅读的一些书。然后，王姐拿出零食招待我，一边和我聊天一边坐在瑜伽垫上伸展腰肢。

我剥着巧克力，王姐娴熟地做着瑜伽，我问王姐每天都要做瑜伽吗？

"是呀，吃过晚饭我还会出去跑步一个小时，然后再回来收拾房间。"

我听得咋舌，"你每天有这么多事可做，怎么还要上班呢？"

"小丫头，我为什么就不该上班？"

"你们家条件这么好，大家都觉得你完全不需要出去工作。"

"婚姻稳定的最好特质不是物质条件，而是让自己随时与生活匹配，我从来不认为某些外在条件就能够让人圆满。一个女人不要活得太狭隘，要有追求地活着，发挥自己的社会价值。"

当时稚嫩的我并不能体会到这句话的深意，直到几年以后才发现王姐的睿智。

王姐说她知道很多人都对她上班这件事觉得不可思议，她老公也曾义正词严地要求她在家养养花草美美容就好，他身边很多人的妻子都是这样生活的。但是王姐很坚持，从商业单位下岗，她执意为自己找了新的工作，为了保持身材每天坚持瑜伽和跑步，不擅长厨艺但每天坚持熬粗粮粥，坚持每天打扫房间，每天练一小时的毛笔字。王姐每天的生活都很充实，无论老公有多忙，她从来不为此觉得委屈和孤独，反而是她老公偶尔休息的时候围着她团团转。

在生活的秀场，每个女人都渴望风生水起，女神和女神经的共性都在于热爱生活，区别在于前者在不断修炼气场完善自己，后者满足现状任岁月蹉跎自己。聪明的女人懂得趋利避害，努力将自己调整到最好的状态，无论是外表还是精神，是对自己的尊重。

好的婚姻和男人的宠爱可以锦上添花，但坚持精神和经济双独立才是永生之道。

在我微博私信中，有位姑娘向我讲述了她的生活经历。她说：从出生到现在，我辗转在几个家庭里长大，在亲戚家寄养过一段时间又被人领养，后来我大学毕业创业了，有了自己的公司和财富，我的亲生父母跑来跟我相认，让我一定要照拂弟弟。

她用轻快诙谐的方式向我展示她所处的困境，而我想告诉她的是：从我们出生到成年的这段时光，绝大多数时候都无法摆脱命运的支配。贫穷和孤独、残缺的家庭、辛酸的经历都是你无力逃避的。但是，在接下来的时间，你完全可以主宰自己的生活，这样的主动权全靠你身上所具备的良好品质来决定，你会有能力改善眼前的一切，因为美好如你，会比一般人更珍惜爱。

很多时候，我们看到别人光鲜亮丽，吃着你舍不得买的美食，穿着你买不起的衣服，站在你达不到的高度，总会羡慕对方的幸运。其实不是这样的，在追求梦想的路上，局外人看到的都是结果，只有当事人才知晓这其中付出的过程。大多数人呈现在别人眼前的如意，都是他们用自己的血肉之躯拼命得来的。

人活着容易，有质量地活着很难。但是，我相信通过或多或少的努力，一定能够过上自己想要的生活。

所以，别埋怨你现在生活得不够美好，因为，这还不是结局。

你强硬地说"为你好"，我温柔地回答"我很好"

很烦动不动就把"为你好"挂在嘴上的人，更烦有人拿"为你好"和"我很好"拼销量，这就像拉着一车香蕉去跟苹果比卖相，明明受众不同，注定无结论。

其实，生命漫长起来还挺不要脸的，如果没干点在心底蠢蠢欲动的事，只是好整以暇每天进步一点点，只做有意义的事儿，你确定这听上去的意义不会无聊到死？

为什么屈服在"为我好"这句话下的那些人，生活里大多幸福感很低？

为什么做着"我很好"举动的那些人，看上去无所事事，却都是幸福感的 VIP 体验者？

因为，生存智慧是狡黠的。

因此，姑娘们，别过分相信"为你好"的技术参数，毕竟，我们活着还要图个我乐意的满足感不是。

1

在杂志社做编辑的时候，我的邮箱里时常会收到很多年轻人要求转给专栏作者们的信，来信用一句话总结中心思想，就是当他们想做或者坚持做一件事的时候，身边的父母亲人朋友以"为你好"的理由和逻辑统统站到了对立面：姑娘交了外地男友，父母百般阻千般挠，让其分手；小伙在读书的城市做着自己喜欢的工作，父母苦口婆心要求他回家乡参加公务员考试，以求稳定。

站在理性的角度而言，我们这些独立的个体在成年之后，完全可以为自己的言行负责，事实上，在现实生活中，我们人生的每个选择都面临着身边一众热心人扯着"为你好"的大旗的言论围剿。

我的朋友小白就一直过着这样的围剿人生。

小白有位女王范儿老妈。

阿姨好强且能干，处理工作果断干脆，照顾家庭事无巨细。我们感叹小白的好运气，生活被安排得妥帖稳当，以至于从头到脚都冒着仙气。

小白不置可否，对我们苦笑说："你们别站着说话不嫌腰疼，没有亲身经历，如果你们的每一天都被有生活细节强迫症老妈的关心时刻围剿着，就会知道这是一件多么痛苦的事情。"

然后，她给我们讲了一些生活细节：

家里所有的大小事情都是妈妈说了算，椅子摆在哪儿，毛巾挂在哪儿，鱼缸的水几天换，鱼几点喂，吃什么饭，啃什么水果。

若是家里成员在外有应酬不能回家吃饭，务必要在下午四点之前打电话通知老妈，一旦超过了这个规定时间，那么接下来的三个月时间，你的耳朵就要做好被老妈随时唠叨的准备。

众所周知，几乎所有年轻人都有周末赖床的习惯，小白也是，但她从来不敢放任自己赖床到八点，因为她家女王大人的晨练到七点结束，然后去转菜市场一圈儿，大约八点到家，如果她回家以后还有人敢在床上练习人床合一，就等于在挑战她的权威。这时唠叨神功不是最可怕的，可怕的是女王范儿老妈会玩性格反转，长吁短叹，让你头皮发麻胸口发闷，为了息事宁人，小白只能抛弃温暖的被窝，起床。

从小到大，小白的吃穿用度都是老妈拍板，她偶尔心血来潮换个不常用品牌的洗发水，老妈会碎碎念；和朋友逛街买了自己喜欢的衣服回来，老妈会不以为然，然后以挑剔的眼光评判这件衣服版型不好、颜色不搭、料子不行，总之不合适。倘若小白大着胆子反抗，老妈也不会暴跳如雷，而是伤心垂泪又痛说家史，诉说她如何在不如意的家庭环境里为小白掏心掏肺，她做的一切事情都是"为你好"，小白觉得自己在这样的体系里逃无可逃。

小白的老妈沉浸在这种"为你好"的思维中不可自拔，如果她认为正确的、对你有好处的事你不肯领情，她就会坐立难安，情绪低落，甚至彻夜失眠，这种软暴力给小白造成的压力可想而知。

经过妈妈的多年改造，虽然有时候小白也觉得烦，但总体尚可忍受。所以，大学一毕业，小白就按照妈妈的意思考了财政局的公务员。但是，她至今不敢恋爱，不是没人追，而是她没有信心也不敢肯定自己能挑选出让妈妈满意的男朋友，只能以鸵鸟的姿态逃避感情。

2

谁不想过随心所欲的生活呢？

遵从自己的内心，以自己喜欢的方式生活，多少人忙碌一生所求不过如此。然而，自由永远要付出代价，尤其我们从小就受着"不听老人言，吃亏在眼前"的训诫。在我们成长的过程中，不仅要面对父母的劝导，还要面对老师、上司、同学、朋友、同事的规劝，各类人群汇集的各种意见，常让人诚惶诚恐，不敢提要求，不敢说错话，不怕自己被忽略，只怕对方不高兴。

令人遗憾的是，你顾虑了那么多，并没有得到相应的尊重。

如果你是位成绩优秀的姑娘，读完大学又读研又准备读博，会有人跳出来对你说："千万别再读下去了，高学历女生嫁人很困难，女博士是第三人类。"

如果你目标远大，喜欢充满挑战性的工作，会有人站出来打击你，"女孩子不要有企图心，干得好不如嫁得好。"

如果你生活环境安逸，唯独有刺绣之类的手工爱好，会有人问你："做这些给谁看呢，不能吃不能喝，你怎么能在这种事情上浪费时间？"

可以想象，即使你不是一位攻击力强的人，受到这种言语的打击，心情也不会美丽的。尤其是说这些话的人，是我们在意的对象。我们试图听从内心的召唤去挑战一件事情的时候，为目标、为工作、为情爱、为自身而努力的时候，最期望的是得到身边亲人和朋友的支持，而他们带给你的常常是喋喋不休的言语打击。

你憧憬，他们抨击；你期待，他们抨击；你努力，他们抨击；你自在，他们抨击。无论你朝哪个方向行走，都会遇到逆风天。

说白了，这其实是一种自私。我们的生活环境里，到处充斥着这种无私的自私，从来不站在别人的角度思考，把自己的思维强加于对方身上，他们打着"为你好"的旗号，干涉着你的生活，满足着自己的自我成就感，不仅不考虑人家的意愿，还要对方感激涕零：你看我对你多好，你必须感谢我。

听别人的，还是听自己的，并不在于谁的决定让成功几率更大一些，而在于你是否打定主意让自己觉得舒畅。

"为你好"的邀请函甚至并不能给你的生活带来更多的安全感，一事无成的人对你大谈冒险创业的诸多坏处，情感空白的人告诫你爱情有多不靠谱，身材姣好的人表达对健身的不屑一顾，说者俨然是位公知，而听了这些话的你，若是当了真，才是情商最低的表现。

3

面对诸多"为你好"的压力，反抗会不会有效果？
当然会，但效果甚微。

自私的人习惯以自我为中心，让他们意识到自己的不妥，是一件非常困难的事。如果你为了息事宁人而选择妥协，他们就会越来越自以为是，憋伤自己爽了别人。难道我们只能将妥协玩得丝丝入扣，直抵永生吗？

不不不。

其实，当"为你好"以关心名义肆意侵袭你的生活的时候，也正好为你重新审视自己提供了契机。

生活那么复杂，长大后才知道这世间的烦恼已不止一件小事。我们读书，恋爱，工作，每承担一份新的社会角色，自己与内心都会有一场新的对话。你本想走得掷地有声，却因为害怕犯错而欲言又止，而听了太多的"为你好"，反而愈加清醒，你想做而不敢做的事儿，你到底愿不愿意为此奋不顾身？

相较于"为你好"的爆款范儿，"我很好"显然小众许多。驾驭它，不仅需要拨开迷雾看世界，还要自己满世界找养料，让自己的一颗心丰满强大而宠辱皆忘。"我很好"没有使用说明，也没有标准答案，它是另一种自私，不会催你着急获得，任你痛苦和挣扎，你可以用另一种视角看到生活的另一种维度。

有人曾说过："在人生的路上，有一条路每个人非走不可。那就是年轻时的弯路，不摔跟头，不碰壁，不碰个头破血流，怎能练出钢筋铁骨，怎么才能长大呢？"

而"我很好"的起点也是这样一条弯路，弯路过多，可能让你感动到一塌糊涂，也有可能让你食欲不振。

你可以多拐几道弯，但一定别困死自己。

唯独这点英勇

跟朋友在餐厅吃饭，一位姑娘拍了拍我的肩膀。我转过身去，她笑意盈盈，"苏末，还记得我吗？"

我看了对方半晌，大脑将所有的可能——一过滤，还是没能想起眼前这位颇有气质的姑娘跟我有什么瓜葛。

"我是詹娃娃。"

我差点惊掉下巴，这个消息实在太刺激人了，我的心肝颤了几颤，才鼓足勇气相信眼前的美人儿与初中那个口吃的小胖妹是同一个人。

岁月真是催熟的良药，曾经喊着减肥却从没迈开腿停下嘴的胖妹子不知道得到怎样的动力才成就了如今这般窈窕身段。但是，因为彼此都有事要忙，我和娃娃互留了电话就各自忙碌去了。

周末，娃娃约吃饭，我欣然前往。

我问她现在在做什么？

她说，电台主持人。

Oh my god！我真的怀疑老天给这妞开了金手指，只是疑问抵在舌尖转了几圈却始终不好意思问出口。

娃娃看出了心思，主动解释，"你是不是特别纳闷，口吃的我是怎么做到的？"

我抿着嘴笑，算是默认。

"哈哈，其实没什么，困难多了就学会不依不饶了而已。"娃娃耸肩大笑。"咱们读初中和高中那会儿，周围同学都是两耳不闻窗外事一心只读圣贤书的状态，矮胖又口吃的我并不引人注目，但是到了大学就不一样了。入学的时候，我在台上结结巴巴地做自我介绍，台下的同学哄堂大笑，并给我取了个外号'结巴詹'，我窘得要命，从此以后在人前能不开口就不开口。

"后来，我跟室友一起进了学校的文学社，我的文章写得还不错，所以校刊上常常会有我的作品发表，我们的社长曾不止一次夸奖我哪里来的灵感。但即使是这样，我依然不敢开口，生怕一张嘴再闹出笑话。大二那年，学校举行演讲比赛，社长鼓励我去试试，我写好了演讲稿却怯于开口，最后室友拿着我的稿子去参赛，得了第二名。

"还有，我们学校晚会和歌咏比赛都是我来写串台词，但是站在台前的那个人从来都不是我。后来我不愿再写下去，班长就带着同学声讨我自私，说我不肯为班级荣誉出力气。我就把自己锁在文学社里，谁都不去理会。这么自我封闭了几天，一贯对我温和的社长强制把我赶出了文学社。他跟我说，你表面摆出拒绝的姿态，骨子里却敏感又自卑，这样你不会开心的，也许你任性拒绝别人的那一刻你很开心，但是你心里的自卑会马上变成一种反作用力，你会因此更痛恨不能满足自己的你。想要获得认可就不要规避自己的弱势，口吃怎么了，越是这样越要多说，收起你的自怜心，没有人亏欠你。敢想也要敢做，只敢想不去做的人没任性的资格。"

"我醍醐灌顶，从此就发愤图强了。"娃娃看我一眼，啜了一口饮料，调皮地问，"怎样，够励志吧？"

看着我点头，娃娃笑得花枝乱颤。"哈哈哈，怎么可能，这么励志版的剧情你也信。"

但是笑过之后，娃娃话锋一转突然变得很认真，她说："其实，社长吼过我以后，我就退出了文学社，而且过上了独来独往的生活。"

娃娃跟我说，那是她人生最绝望的一段经历，明明身在人潮汹涌的世界，却感觉自己像空无一人的孤岛，没有人在乎，没有人安慰，也没有人懂。她一边自怜一边自弃，在学校里独来独往，最初她的室友们还会邀她一起活动，但几次遭拒之后，这些同居一室的小伙伴也没了热情，娃娃也不理会，逃课，不写作业，集体活动缺席，天天躲在图书馆里写日记。

大约每个年轻人都有这么一段难挨的时光吧，我们以为发生在自己身上的悲剧是特殊的，自己正在经历的孤独和挫折没有任何人理解。在承受痛苦的同时我们也容易自怜，把自己看得很低，干脆放任到底。这种不易察觉的时刻，在你体感不到的消磨中，没有为难到生活，却坑苦了自己。

人在生活中的每一次质变，基本上都是一场疼痛感十足的撕裂，它可能是一个意外一段教训，也可能是一次欺骗一场牺牲。

娃娃这样吭哧吭哧地用掉了大学 70% 的时间，直到大三暑假，妈妈带着她去买衣服，却总是没有合适的尺码。这种情况在选购过程中频繁出现，娃娃的母亲大人怒了，狠狠瞪了她一眼，数落道："看看你，说话不利索就算了，还肥成这样！"

娃娃被母亲的严厉吓蒙了，然后屈辱感蔓延了全身的她噙着泪水跑出了商场。

在外面游荡了一天回到家，娃娃看到家人关怀的眼神，虚弱地笑了一下就关上了卧室的门。曾经，她以为自己在沉默中忍受的痛苦是失去了做人的尊严，其实并不是，把爱自己的家人变得咄咄逼人来掩饰软弱和无奈才是。她自己都不爱自己，能指望谁帮她摆脱命运呢，她为难了自己，也亏欠了自己，所以，她决定给二十岁的自己一个交代。

从这一天之后，娃娃开始挑战自己，一如高考前的奋战，分分秒秒都舍不得放弃。

余日不多的暑假，娃娃翻出很久不用的复读机，每天起床后便反复练习单词，一遍遍不厌其烦练习生字和经常让自己卡壳的词。吃过早饭，她会听着音乐背着书包去老年人活动中心，试着跟和蔼的老人聊天，最初的时候她说话结巴得厉害，心里着急脸憋得通红，后来她慢慢试着从两个字的节奏练习说话，练了两个月才逐渐增加到四个字。

开学后，娃娃每天最早从宿舍走出，按时听课，按时写作业，空闲时间全部用来用复读机练习说话，偶尔她也跟室友聊两句，室友瞬间都被娃娃伶俐了的口齿惊艳到了。

积极的行动可能无法在瞬间完成升华，也不可能因为某一件事就能扭转乾坤，它需要漫长的潜移默化的过程，而坚持是这个过程最好的催化物。日复一日的坚持在一年后终见成效，大四时娃娃已经不再口吃了。但是她并不满足，反而再接再厉，每天做大量的听读练习，纠正自己 z、c、s 与 zh、ch、sh 不分的普通话。

自信的金字塔一旦有东西垫底，只会一发不可收拾，娃娃在接近两年的时间完成了一场华丽的蜕变，拿了普通话二级甲等证书，体重从 130 斤降到 96 斤，在杂志上发表文字几十万。

娃娃毕业后回到家乡的一家房产公司工作，半年后从本市的电台招聘中脱颖而出，在杂志上发表的数篇文章也为此加了分，被安排到一档访谈类节目做主持人。

娃娃的经历并不算特别，我想时下很多年轻人都有过这样一段对生活失望、对自己厌恶的迷茫期，因为害怕它会改变你的生活，所以你宁可选择绕道而走也不愿意直面，纵有过强的撞击力而依然摔坐在地上看别人奔跑，直到时间将你和周围的同龄人分流，大家的人生已井然有序，你的人生还在轨道中徘徊。你在这样的焦躁中束手无策，直到这样的困惑和时间共同飞逝，才慢慢明白，那些自以为"无能为力的遭遇"并不是特意为难于你，而是每个年轻人的命中注定，它来自于你的不愿去面对、不肯根治，它是在一段年龄中推翻自己又重建自己的馈赠，没有特别之处也没有与众不同。

我同样也遇到这样的窘境。

我从出生后到成年一直被寄养在外婆家，太长时间的分离，以至于我和我的父母到现在也无法自然融洽地交流，我心里憋着气极力想要证明自己，因为太着急，承受过无数大大小小的伤痛。

一路跌宕在低谷，直到三十岁我才学会与不够优秀的自己和解。也是这一年，因为坚信梦想重新拾笔开始写字，幸得朋友们的喜爱，我写过的一些文字陆续被很多平台转发，获得的关注日益增多，四面而来的联系也越来越多，不愉快的事也开始频繁发生。

有人私信我，跟我要书要得理直气壮，我说各平台都有出售你可以随意去选购，对方却怒道："你自己不能给我寄吗？一本书而已，你怎么这么小气？"

有人因为只字片语就抨击我，说对我很失望，我说欢迎你提建议，可是我不接受无根据不具体的指责，结果对方很生气，"也许是我对你的期望太高了，想成为一个好的作家就要经受起读者对你的批评，你这是什么态度！"

有人窃了我的文章撤了我的署名，我说你不经过我同意就算了，为什么还删掉了我署名，对方回答得趾高气扬，"用你的文章是看得起你，我免费为你做宣传了你怎么不谢谢我？"

还有人剽了我文章的标题，截图我文章里的一言两语断章取义，对我个人的生活恶意揣测，可悲的并不是这些，而是明明受委屈的我却还被人冤枉说是撕逼不成反污蔑，一大波不明真相的人对我恣意谩骂。

看着屏幕里这些冰冷而言语刻薄的评论，我承认我很难过。千山万水，风景再美，你趟在浑水里也难免寒冷。

我想起王小波的一段话："生活就是个缓慢受锤的过程，人一天天老下去，奢望也一天天消失，最后变得像挨了锤的牛一样。可是我过二十一岁生日时没有预见到这一点。我觉得我自己会永远生猛下去，什么也锤不了我。"

我告诉自己别在意，生活又不是打了柔光的照片，有人喜爱你如甜西瓜，汁水饱满味道足，也有人讨厌你如旧沙发，恨不得随时踹散架。喜欢给别人随意贴标签的人，多半是因为实在无法用事实与对方抗衡，这样的所作所为，无疑是一把锈色太多的钝刀子，能伤人却不足以致命。

在这个便捷又开放的网络世界，也许你习惯了伸手的姿态，我不免费送书不是我小气，而是我更喜欢握手社交。你想看文章，我在阅读平台写了很多免费文章来感谢你的青睐。你执意让我免费送书，我只能对你说抱歉。人与人只有相互尊重才能彼此舒服，我没有强迫你下单，你也不要勉强我买单，你为自己的欲望负责，而我也要维持自己的底线。

我允许自己悲伤一会儿，却不会用言语辩解，不会期望努力就会得到回报，不会以讨好的姿态换取尊重和喜欢，更不会因为别人粗暴的态度而停止前行，不违背内心，不和偏见硬碰硬，这是底线，也是生活赋予我的勇敢。

而我也希望，现在的你也是一样，无论遇到怎样难耐的窘境，坚持做好眼前事，就足以把大部分人甩出十条街了。

因为时间再英勇，也害怕你用天真的态度力压群雄。

即使重返低谷，我还会接招。

即使梦想不复轻盈，我们唯独还有这点英勇。

大多数无所谓的背后

我和我的父亲，从小关系就不好。

出生前，我身上寄托着他的期望，出生后却带给他失望，从小生成的嫌隙如死结，在我成长的过程中伺机潜伏，时常猝不及防地咬我一口，待我成年，这伤口已经深入骨髓，痛彻心扉，没有和解的可能。

我和父母几乎无话，家中的欢声笑语是以姐姐和弟弟为中心的，而我一个人待在无人问津的角落里，跟父母之间的对话仅限于招呼。

"吃饭了。"

"哦。"

我小时候寄养在外婆家，父亲经常在进城开会回来的路上到外婆家来，无论我当时和小伙伴玩得多欢乐，只要在村头看到他的身影，都会立刻以最快的速度跑掉，迅速躲到隔壁邻居花脸奶奶家的大衣橱里躲起来，不管外面外婆的呼喊声有多迫切，我绝对不会应声，直到他离开才如释重负地从衣橱里跑出来。有时候恰巧被外婆逮个正着，拿着父亲买来的水果递到我跟前，我从来不接，外公外婆哄着我向他打招呼，我也不吭一声，倔强地等待着，趁大人们疏忽的空隙，一溜烟跑掉。

十九岁从湖南回家，家里的晚餐开启模式必然是父亲对我的数落。

他说我智力不行，底子上跟姐姐没法相提并论，完全不在一条起跑线上。他给我安排的工作泡汤，嫌我自己不争气，不知道主动去找工作。我诚惶诚恐，第二天跑去跌跌撞撞问着路找到了人才中心，可惜那天没有招聘会。好不容易挨到周三，我收拾好自己带着简历去应聘，幸运地应聘到一家食品集团做统计。每天下班回来，饭桌上仍是他的牢骚和不满，说谁谁谁家的女儿两年就拿到了中级会计职称，我傻不愣登都不知道学习和上进。我唯唯诺诺，去书店买了教材把自己关在房间里学习，却以两分之差挂掉了财务管理这门课。沮丧之余，听他继续在饭桌上数落我的各种缺点，我不服气，也觉得委屈，最后情绪爆发，跟他大吵一架。

记忆中，这是跟他最激烈的一次争吵，也是最严重的一次争吵。

我向他吼，我说："我知道从头到尾，你从来都是看不起我。"

他瞪着双眼，脸因气愤而涨得通红："你有什么能耐让我看得起？"

我跑回房间，简单收拾了几件衣服，甩开门去了外婆家，打开门走出去的那一刻，我觉得自己已经不再与这个家有任何关系。

为了证明自己，我循着姐姐的足迹考了一所很好的学校，也拿到了中级会计师资格证。而这些不美好的回忆，我只想有一天把它拿出来晾晒在阳光下。这样的幼稚现在看来很可笑，可每每想到，眼泪还是会忍不住潜然而下。

从小到大，我从来没有跟父亲一起去逛过街，一起看电视，一起聊过天，看着姐姐和弟弟恣意跟他撒娇，看到他们四口人和睦融洽地相处，我连羡慕都羞于启齿，因为这样的温暖，我从未得到过。

所以，我佯装得很无所谓，告诉自己：我不在乎。

大学毕业的时候，我执意留在了外地。

距离是最好的借口，我宁可一个人孤独地就着悲伤吃面包，也不愿意跟家里常联系。偶尔打个电话，也只是和妈妈零星说几句，偶尔他接电话，也只是让他将电话转交给我妈。

后来，公司大量收购菜籽油原料的那段时间，我负责公司所有货款的支付，每天看着数额庞大的现金从手中流出，我的神经紧绷，头发大把大把掉，常常在深夜一头冷汗地醒来，因为我梦到自己忘记拔保险柜钥匙了。

一天深夜，妈妈的手机发来一条空白信息，我纳闷，赶紧回电话过去。

我妈说没事，按错了。

第二天，妈妈偷偷打电话过来告诉我，我爸上周听说我们公司在大规模收购原料，担心我吃不好睡不好，半夜睡不着想用妈妈的手机给我发消息，因为不会操作，不小心发了空白信息。

我内心酸涩，说不出话来，只好佯装坚强又无所谓，反复强调自己很好。

伯兰特·罗素说："这个世界最大的麻烦，在于傻瓜与狂热分子对自我总是如此确定，而智者的内心却充满了疑惑。"

呆傻如我，在自己的世界里做着一个大近视而不自知，最爱打击我的那个人也是最关心我的。

我们都太笨拙，我指责他不是一个好父亲，而我自己，也不是一个好女儿。

去年，我辞掉了工作，窝在昌平的城中村里全职写字，被编辑约见面之后总是不了了之再无后续，我只好挣扎在豆瓣小组里接枪手稿，在无数个夜晚对着屏幕码字，靠着这点虚张声势的忙碌，支撑着我所谓的成就感。无论心底多失落，我都会在出门的时候涂上口红，不让自己看上去太狼狈。每次打电话给家里报平安，我都竭力隐藏自己的失落，佯装无所谓地跟妈妈聊会儿家常。

有次，在我要挂断电话前，我妈突然叹息一声，跟我说爸爸很惦念你。每周我打电话的时候，他的话就特别多，翻来覆去让我交代你别亏待自己，想吃什么就买，想做什么就做，但是别透支身体换金钱，若是钱不够用，他给，每月都给。

那一瞬间，眼泪迅速爬满了我的眼眶，我咳嗽了两声，佯装嗓子不舒服，咬紧牙关，抬起头努力不让眼泪流下来。

从小到大，我一直渴望被承认，一直希望他看我的目光是赞赏，但同时，当他的眼光围拢过来，我又感到窒息，感觉不自由，以至于忽略掉他粗暴举止下的担心和关怀。

我和父亲，有争执，有伤害，有不愉快的回忆。

他看着我义无反顾地奔向远方，放纵我长时间不回家，不是放弃我，而是以骨肉亲情的宽容允许我以自己舒服的方式过活。

我和父亲，我们看似无所谓的背后，都是对彼此的爱。

每段看似无所谓的背后都曾被眼泪洗礼被误会加身，佯装并不能让人获得真正的安全感，那些感到安全的底气是独自克服困难的勇气，是至亲的人站在你身后拍着你的肩膀说"不必害怕，有我在"的支持和鼓励。

愿孤单的你不再逞强，愿逞强的你身边有肩膀，愿你身边的肩膀能承接你所有的欢乐和悲伤。

有一天，当你和自己温暖相遇

相比大多数人色彩温暖的童年，我的童年是冷色调的。

1

我一出生就被弃养，后来，因为计生办有人脉不会威胁到二胎指标，我辗转到别人家三天后又被爸妈寄养到了外婆家，一待就是十六年。

我五岁那年，舅舅家添丁，外婆去城里照顾舅妈和刚出生的弟弟，我则跟着外公放养在农村。外公很忙碌，负责一个生产队，根本顾不上我。记得，那时候我最常做的事就是坐在村里最宽敞的那条街的石头上翘首以待，期待外婆从偶尔停靠的客车上走下来，或者眼巴巴地望着对面村委会，希望外公会从那道门里走出来。

生活不会因为一个孩子的忧虑而变得美好，外公常常在饭点才走出来，递给我一个夹了菜的烧饼便匆匆转身继续忙碌了。更多时候，外公为了干旱的土地和一群大人四处走动，也无暇顾及我的温饱问题。所幸，外公外婆人缘好，每当饭点小伙伴一哄而散，独留我一个人的时候，总有喊孩子回家的大人带着我一起去吃饭。

六岁，外婆带着我进城照顾弟弟。舅舅和舅妈很疼我，舅妈通过关系交了一笔借读费把我送进了一所小学。我对上学这件事很有积极性，每天醒来扒开窗帘，只要马路上没有背书包的同龄人我就伏在床头大哭，因为对时间概念的懵懂和无知，小小的我固执地借此为依据以衡量自己是否要迟到，所以，无论外婆他们怎样劝说都止不住我的悲伤。事情到最后总会演变成外婆以最快速度把我收拾干净，骑上三轮车载着我去学校，我坐在车上一边吃着路边买的包子一边哭，最后到了学校才发现，我们班的门都还没有打开。

那时，我最爱下雨天。每次下雨，舅舅都会坐着轿车接我放学。

舅舅在我心里是天神一样的存在。他脾气暴躁，却对我极其疼爱。每次舅舅在下雨天接完我，就会带我去饭馆点上两道菜，等我们吃完，舅舅很耐心地等着我写完作业，然后再送我回学校。舅妈对我疼爱更甚。初来乍到，她就为我买了一双圆头红皮鞋，鞋带是可爱的蝴蝶结，穿上纯白的棉袜，便是那时最美的装扮。我对这双公主鞋爱不释足，即使不上学的日子，也不肯换鞋，舅妈不曾因为我的虚荣心而厌恶和生气，而是又为我新买了一双。

我最美的童年时光就是这段吃着龙须酥、穿着公主裙、趴在阳台上听部队新兵唱歌的两年。

生活多美好，平铺而直叙，在我甩开脚丫子往前跑的时候，才发现现实的粗陋和曲折。

九岁，我读三年级。舅舅和舅妈跟我商量领养的事儿，我在客厅里看着动画片，舅舅笑呵呵地问："夏夏，以后喊我们爸妈行吗？"

我看着舅舅，舅妈也在旁边一脸笑意，我愣了愣，因巨大的恐惧而号啕大哭。

我有爸爸和妈妈，尽管不曾一起生活，但偶尔会见到，所以，我不心慌。此刻，舅舅的提议，是不是意味着，我的爸妈，他们是真的不要我了呢？

我因为这样突然的变故害怕得大哭，人与人之间的关系也因为这样的细节而产生距离和隔膜。

这件事以最快的速度掀篇儿，舅舅安抚我说："别哭了，都是骗你的，跟你开玩笑。"我却明白，幸福生活过去了。每个人都会为自己定位，无论我是无心还是有意，我的举动伤害了彼此，我们的交集点因此而停止，我心底剩下的广大区域蛰伏了深深的孤独。

时间随着太阳的起落一点点流逝，弟弟渐渐长大，舅舅和舅妈的重心逐渐转移在他身上。我和爸妈的关系依旧停留在固定的学费生活费之中。每个孩子都在自己父母的疼爱中长大，只有我是个有父母的孤儿。读了初中的我敏感而自卑，习惯寡言习惯待在家中不出门，每次有人邀请我出去玩耍，我都果断回绝。

世界这么大，我却找不出独属于我的一隅。

2

十六岁，家长们为我选择外地一所粮食学校。姐姐把她的旧衣服装满了一箱给我，兴高采烈地告诉我，老妈会再给她买新的。暑假回来，妈妈给我一件崭新的牛仔外套，这是我第一次收到妈妈的礼物，心情不言而喻。我姐一句话就将我从云端拽了下来，"咱妈给我买的，我不喜欢。"我没说话，只是收敛了脸上的笑容，晚上躲在被窝里捂着嘴巴偷偷哭了一场。

十八岁，我毕业去了湖南一家企业做出纳，工作忙碌是其次，更重要的是心理压力巨大，国家财务制度规定农副产品收购采用现金，我每天手中出入的现金流少则上百万，多的时候八九百万都是有的，保险柜比我还高，我睡觉都抱着钥匙。后来，合同到期，我听从安排回了家。本来说好的工作突然泡汤，我整个夏天都待在家里。

爸爸嫌我笨，说："人才市场那么大，自己怎么不去找工作？"

我很惶恐，赶紧以最快速度找了份工作。

但是，每天下班以后，晚饭上桌，爸妈的数落也开始砸下来。

"你跟你姐不能比，不在一个起跑线，一个是天一个是地。"

嗯，于是，我追寻着姐姐的足迹，每天见缝插针地学习，参加对口高职考试去了山东大学。姐姐学医，工作的时候通过姑父去了一家不错的医院。我毕业的时候刚好赶上扩招的第一波人毕业，自己应聘去了一家合资企业。但是，问题永远不断，姐姐工作稳定，我的工作太动荡；姐姐收入高，我收入太低；姐姐机灵善谈，我蠢笨木讷……我追来追去，最后发现，我永远赶不上，永远都是缺点不断。

如今回头去看那一段时间的我，那些场景，那时的心情，那种受到一众亲戚长辈照顾的自卑，在他们的说教和指挥里小心翼翼企图得到夸奖得到认可的焦虑，不管我怎么做，做什么，总感觉背后都存在着一样打击的疼痛感，我至今也忘不掉。我承认，在那段时间里，我用力过度，我害怕失去仅有的珍而重之的东西。

我欲得到认可，不得；我欲得到理解，不得；我欲自我救赎，不得。

我如盲人行走，眼睛看不到光明，眼光也导不尽心灵，焦躁、无措、自闭的情绪不断冲击着身体，与其被吞噬，我宁愿找个出口。

一个人如果对已经失去了的朝阳穷追不舍，一身所得不过是疲惫和更深的绝望，于是，我决定换个跑道。

我希冀恋爱的温暖能治愈我长到二十四岁才跟爸妈一起同住三百天的隔阂与摩擦。因为投注的期待太多又迫切希望走到理想的结果，小聪明地想要为自己验明正身，这场恋爱谈得棱角锋利，越谈越利，伤人伤己。六年里，我爱得强势又软弱，来回碰撞，到最后自己越走越迷失，想牢牢抓住这丝温暖，反而越来越远离，很尴尬。

我也终于知道，有很多事情，不是你逃避、转向就可以解决的，只要还有期待，一切就都要买单。

3

2013 年 9 月，妈妈体检查出甲状腺异样。

彼时，我还在想要活得被认可的反作用力和情伤阴影里反复挣扎，抑郁症到中重度，严重到整夜睡不着，看到河水就想纵身一跳。我头发一把把地掉，见到人打了招呼便不肯多发一言。我生活得很糟糕，白天强打精神，夜晚怨天尤人，心里盛满戾气，像失眠的人不控诉大脑反赖怎么躺都不对的睡姿。我怨恨今生，期待来世，如今想想，当下都没有活好的我，又有什么底气笃定来世就能配得起我想要的一切呢？

一周之后，姐姐打电话过来，妈妈的穿刺结果确诊为恶性。

这一年，八十岁的外公食道癌复发并扩散，老妈的病情为本就兵荒马乱的生活平添一抹忧愁。我们瞒着年迈的外公外婆，坐在一起商谈。姐姐迅速联络了医院科室的主任专家，舅舅他们和我们一同来到医院办理住院手续，入院当天，妈妈就进入术前检查阶段，检查结果出来，手术时间定在三天以后。

手术中取样化验的结果确诊为乳头状甲状腺癌，医生为妈妈做了甲状腺切除并清扫了疑似区域。幸运的是，这场手术很成功，唯一的不幸就是妈妈从此以后要终身服用左甲状腺素钠片替代甲状腺功能。

术后三天，妈妈的恢复状态良好，伤口没有渗出物，没有红肿也没有其他异常。这三天我和姐姐以及从外地赶过来的弟弟轮流照顾妈妈，弟弟在术后第二天就被妈妈催促着回了学校，而姐姐在医院的工作繁忙,空隙时间还要赶来病房,于是,晚上的值夜我坚持一个人守在病房。

白天我陪着妈妈简单活动然后按摩身体,中午掐好时间去买饭菜以保证姐姐下班过来饭菜还是热的,晚上妈妈躺在床上看电视,我就拎着水壶去接水,兑一盆热水给妈妈泡脚。病房邻床的李奶奶看着我们姐弟三个忙忙碌碌,直夸妈妈命好。

许是灾难让人脆弱,跟大家逐渐熟悉之后,妈妈居然聊起了我。她跟李奶奶说,这孩子以前被我们送人又要了回来,一直跟着她外婆生活,幸好没跟我们在一起,也算享福。

我听到这句话心里一窒,眼泪差点夺眶而出,原来到现在,妈妈还是这么嫌弃我,不在他们身边大家才是幸福的。

我沉默地坐着,妈妈看了我一眼,便转过头继续跟李奶奶聊了起来。

"孩子还小的时候,她爸爸查出脑部肿瘤压迫了视觉神经,单位派人陪他去了上海的医院检查,专家会诊说脑瘤的位置不太好,手术成功率很低。她爸爸绝望得要跳黄浦江,几个人又扯又抱才把他从桥上拽下来。

"她爸爸得了病以后,脾气很差,我们喘气都不敢大声,她姐姐就这么早早地学会了察言观色。她不在我们身边,也没有遭这个罪。

"二闺女这两年过得辛苦,她爸爸天天跟我急眼,让我劝她别拼命,若是钱不够花就每月给她送生活费也不能熬夜。"

我听到这里,再也忍不住心酸,找了个借口便匆匆跑出了病房。我伫立在无人的楼梯口，思绪翻腾，这么多年来我一直对不在父母身边这件事耿耿于怀，这份强烈的委屈所产生的苦恼与孤独几乎让我人仰马翻。直到此刻，我才知道，面目可憎的事实身后还有令人悲伤的侧面，但凡世事都有正反两面，向日葵的背面也是有阴影的，让人艳羡的优点背后也有不为人知的心酸。

有人说，时间会平息哀痛。我却并不觉得，时间只能消磨哀痛这种情绪，却并不能让其消失不见。无论消磨多少时间，事情的本质都不会改变，你不解决就无法与自己和解。

如果我足够勇敢，这么多年，为什么不敢亲口去问一声"为什么"，以至于与生活拧巴了这么长时间。

还好，窒息了十几年的思想在这一刻被释放，我在浑浊的迷雾中浮出来，身体的每个毛孔都爽快而通畅，盲人复明也不过如此。

4

妈妈出院那天，我们娘儿仨坐在餐桌上边吃饭边聊天。姐姐抱怨生活艰辛，工作太忙，琐事太多，婆媳矛盾，孩子调皮……我静静地听着，感慨人人只要接着地气儿活着，就会有烦恼。在彻底接受这个事实之后，我发现自己内心对生活发生的一切反而比平时更敏锐，但是我不会再封闭自己。

我第一次跟她们说了我的想法，也意外地得到了支持。

妈妈在姐姐家休养，而我选择了北京。

我在这里找了一份与财务会计相差甚远的工作。我不够优秀，不够圆滑，偶尔脑残的时候会拿自己的标准去衡量他人。我喜欢独处，讨厌喧嚣，我热爱美食，讨厌养猫。每天上班之前下班之后我都会坚持完成一千次跳绳，放松大脑抵抗抑郁。累了我就睡觉，饿了我就做饭，闲了我就看书，郁闷了就做手工，高兴了会写点文字聊聊生活。

　　我不介意别人说我写的文字是心灵鸡汤。曾经，我因为缺乏足够的爱而不放过任何一个机会，用力过度而伤过痛过迷茫过，我知道这样的日子有多难挨。身在黑暗里，无论你奔跑、跳跃，还是躲闪，都会遇到阻挡，每当你跨过一道路障，你见到阳光的机会就大了一点。经历过低谷的人会自带希望坚定不移，挨过心灵板砖的人也认可心灵鸡汤的疗效。

　　我披荆斩棘过，也胆小慎为过，横冲直撞过，也不知所措过，直到有一天，我和内心世界的自己面对面，才会明白，只有和自己握手言和，生活才会与我相爱。

　　未来我也会为人母，我不敢保证在孩子的成长中不会犯错；现在我为人女儿，不敢保证我所做的是我爸妈喜欢的；而且我和爸妈姐弟之间的某些隔膜也不会再被清零，因为我们十几年零交集的空白时间是消除不掉的。但是，没有关系，时间也让我们改变了时间里的自己，我们在努力地适应彼此的存在，认真地关心彼此，也学会了站在自己的对立面去理解对方，已是足够。

　　花了那么多时间，内心的超级英雄都累瘫了，我想，我该抬头看看天空有多美了。

谁不曾与世界为敌过

开学季，我的微博里塞满了郁郁不得志的消息。

你的私信因为格格不入而显得格外醒目。

谈话的内容有些沉重，你问我你想做的事是不是与世界为敌？

你说，你是一名在校的大学生，你很喜欢高中那年在你们班实习的男老师，你辗转打听到他去了杭州一所大学做讲师，所以态度坚决地将这所大学填在了高考志愿表上。你如愿来到他身边继续做着他的学生，知道他至今单身，你不敢表白，看到他在学校里广受欢迎，看到他和学生们亲切地互动你难免心塞，你不是狮子座，此时占有欲却莫名地强烈。你说，你不想以在校学生的身份恋爱，毕竟喜欢老师这件事一旦落实到生活，并不是人人喜闻乐见的事，你不想给你的老师造成困扰，你想等到大学毕业再表白，又担心因此错过。这样的纠结让你战战兢兢，你希望我能为你指个方向。

我说姑娘，首先我一向认为只字片语是无法去评定一份感情的，而且我也没有那样对别人情感指手画脚的资格。但是在你的描述里，你考虑了彼此所处的环境，我觉得你是位善解人意的姑娘。其次，我不知道姑娘你喜欢这位老师什么，你有没有全面地了解他而不是只浮于表面？还是，你要的只是你喜欢他的感觉？最后，如果你已经完全确定自己的心意，你说自己想要以成熟稳定的更好的形象出现在老师面前，却又担心时间摧毁情缘，我其实很纳闷，因为这两件事并不冲突。你努力让自己变得更好，是为了让自己的感情增值。既然目的都是为自己，充实自己这事只怕迟不嫌早。然后，你要了解对方欣赏怎样的异性，如果你不弄清楚这点，即使你再好再美再女神，仍不能避免"你是玫瑰，可他只爱蔷薇"的尴尬结局。最后一点，人生那么长，对方身边会不会出现适合的人，这是不可抗力，与其纠结，不如低头做事，多爱自己。

一个人对喜欢的事情用心，对不爱的事情健忘，是尊重自己。如果是这样，谁不曾与全世界为敌过？

你很快回复我，你说看我的回信你陷入了思考，最后的结论是你不是喜欢他的表面，他不是生活里的颜值担当，只是性格nice，节俭，温和，做事态度十分端正，比常人多一份细心与耐心。在几次考证资料准备中，他都给你提供了很多帮助，尽管他已经不再给大二的你们上课，但大家学习上遇到困难向他求助都会迅速得到回复，你和他偶尔也会聊聊近一段的学习心得或者对未来的期待和规划，比较有共同话题。你曾在他空间中看到了貌似是他大学期间喜欢的一个女孩，（当然，是你自己翻看他的说说、日志、相册和留言推测的），对方超级活泼和你的性格完全不同。你虽然足够喜欢他，但你更愿意做自己，你会学习别人的优点，也不会丢掉自己的本性。

我对你说，完善自己不等于模仿别人，而是在别人身上汲取能量完善自己的不足，你理解得很到位。

回复了消息，我想说说与世界为敌这件事，谈谈这个听上去很致命其实也不过如此的经历，即使如今风轻云淡，仍不妨碍它在记忆里的重量。

15 岁那年，正值叛逆期的我，从二姨的揶揄中得知自己出生后差点被母亲抛弃，心底的怨恨如刀刃，锋利又尖锐。

我从小身体素质就差，为了中考考个好成绩，我放弃了骑单车，每天走路去学校，生怕体育不过关，每天晚上我都是跑步回家的，代价是一身大汗淋漓。

母亲看我每日跑得辛苦，问我是否想报考一中（这是我们市最好的高中），我不予回应。她见我不说话，又追问一遍，我看了她一眼，反唇相讥，"现在开始关心生下来就打算丢弃的孩子，你不觉得虚假吗？"

母亲气得说不出话，委屈地哭了一场，又喝了三副中药疏郁理气。

外婆因此指着我的额头，狠狠地骂了我一顿。我梗着脖子不低头，最后因为害怕外婆被气坏，才不情不愿地跟母亲道了歉。

自此之后，我特别喜欢一个人在外游荡。

离我家不到五分钟的距离有一条铁轨，我时常站在附近看火车从眼前呼啸而过，汽笛声尖锐，长长的车身带给我的除了本能的恐惧之外，还有一种冒险的兴奋感。这种油然而生的兴奋，让我不惜与家人决裂，毅然去了一所离家甚远、坐火车需要四个半小时的学校就读。

那年开学，为了省钱，我们买了最便宜的车票，车次已经忘记了，外公、母亲和我在绿皮火车里挤得肝肠寸断，也不知过了多久，伴随着一阵刺耳的金属摩擦声，火车停了下来。

我们坐上了通往学校的车，然后办了入学手续，我不耐烦地听着母亲和外公的叮嘱，向他们挥手道别，眼看天色渐晚，我甚至不曾关心他们是否能顺利坐上回去的列车。

我在学校里如鱼得水，进书协，参加演讲，表演小品，学交谊舞，这种用力地改变和尝试是我对世界的挑战，对命运的抗衡，是我以为的重新开始。

但是，现实往往比梦境让人心凉。

一路在考试中所向披靡的我，从未想过自己被分数掣肘的状况，期中考试我勉强跻身第二十名，期末考试我已经名落到倒数第九名。成绩飞流直下，从心高气傲的云端跌下来，我陷入了另一个自我低谷的极端。

既然生活放弃我，那么我就放弃生活。

逃课去街上闲逛，宁肯在街头帮人摆摊一整天，也不肯跟与

在我们人生中每一个重要的时刻，有人陪伴出席又仓促离开，因为生活的悲观虚无、失落感伤都是做人的代价，成长就是要学会独自行走。

我披荆斩棘过，也胆小慎为过，横冲直撞过，也不知所措过，直到有一天，我和内心世界的自己面对面，才明白，只有和自己握手言和，生活才会与我相爱。

曾经相爱，我们笑过，痛过，得到了许多也失去很多，才成了今天的我。我们彼此相爱，彼此伤害，如今分开，我也只愿记得你的好，是放过自己，也是尊重自己。

人在生活中的每一次质变，基本上都是一场疼痛感十足的撕裂，它可能是一个意外一段教训，也可能是一次欺骗一场牺牲。

家人是什么？家人是与你同欢喜同悲伤，陪伴时沉默不见时思念，有误解也能理解，不纵容却足够宽容，从花团锦簇到惊涛骇浪，从开始到结束，都愿意守护着你的人。

你没有过上你想要的生活，于是，你就按照你生活的去想，将自身的错毫无道理地归咎出去。

身边的朋友聊聊天。我挟裹着厚厚的茧，将自己完全封闭，班级的集体活动永远缺席，考场上总是最后一个到最早一个离开。这种乱七八糟的生活我过了三年，直到毕业那天，同学们都有了各自奔跑的方向，要么继续深造拿更高的学历，要么奔赴远方踏进社会，看到他们因心存期待而熠熠生辉的脸庞，我才意识到只有我一个人还待在原地，时间改变了时间里的人和事，我却把自己过成了真正的弃儿。

别人站到了世界中心的时候，我才瞬间清醒了头脑，这个幽默太冷了。

毕业那天，我坚持一个人坐车回家。廉价的绿皮火车上，嘈杂的交谈声、凛冽的风声、列车员的吆喝声交织在一起，到处散发着霉味。我一路浑浑噩噩坐过了站，到了徐州的站台才得以下车。

那一刻，我觉得世界彻底遗弃了我。

我坐在月台上哭得撕心裂肺，一位中年人用手机帮我拨通了家里的电话。

母亲和舅舅火速赶来，我在眼泪中抬起头看到他们向我奔来，糟糕的情绪里终于生出一股如蒙大赦的愉悦感。在回去的路上，我把头抵在窗边，透过两指宽的缝隙，看见了一望无垠的平原，借着微弱的天光，我能感受到这平静背后的深远。家人是什么？家人是与你同欢喜同悲伤，陪伴时沉默不见时思念，有误解也能理解，不纵容却足够宽容，从花团锦簇到惊涛骇浪，从开始到结束，都愿意守护着你的人。

回到家，母亲认认真真地跟我聊了很长时间，在我表示对未来懵懂无助的时候，向我提供了几项选择，最后费了几番周折帮我办理了高中的入学手续。

我很珍惜这次机会，每天看书到凌晨，老师当天讲过的知识点和板书内容我会反复背诵，直到能够流利地默写出来，高中三年的练习册霸占了我家壁橱的所有空间，睡觉做梦的时候我都在说英语单词。母亲习惯凌晨醒来，每次见我趴在书桌上学习，都会为我倒一杯热水解乏。这段拼尽全力的时光，在别人眼里异常辛苦，我自己却并不觉得。在被浪费的时间里，我经历了许多让自己失望的人和事，也让很多人对我失望，我不能再让自己对自己失望。

去山大报道的那天，我和母亲坐在火车上，车里如以往一样的拥挤和脏乱，可是我心底盛着的东西却不一样了。

悲伤将你引向岔道，经历才会拨动你的心灵，走过弯路碰壁过，我也更加肯定自愈的力量。

时隔半年，我又收到姑娘的一条私信。

她说：亲爱的，很久之前跟你交流过一件心事，也许你已经不记得，而我今天是来感谢你的。曾经暗恋的那个男老师，我终于放下了。这并不是说我放弃了，只是在这近半年的时间里自己制定好学习等相关计划，并为之努力着，虽然每天很忙碌很累，但心里真的是满当当的快乐。现在看来那时的自己心智还未成熟，想法有些肤浅，目前我们依旧还有联系，可以说是良师益友。我是发自内心地祝福他，也期待自己越来越好。这半年来，我一直记着你的话，你说："无论做什么事，请保持完善自己的初衷。"虽然现在的我也不算什么女神什么顶级学霸，但我真的在逐渐完善自己的过程中越来越欢喜和清醒。

其实人生何尝不是一列火车，一路轰鸣开往未来的旅程里，谁也无法预料途中会发生什么，谁都曾经历过黑暗产生过绝望，谁都曾与世界为敌过。无论你经历的事情怎样难过，已经发生了只能接受，这是生活的本质。

所谓与世界为敌的，不是苛责别人宽容自己，而是对热爱不遗余力，对不爱遗忘到底。

姑娘，你的口红比纸巾重要

我的朋友简洁，有情有义有能力，不高冷不小气不邪恶，绝对称得上新时代女性标杆，真善美的形象代言人。

当我安心等待她将一路顺风顺水的恋爱升级成婚姻摘得人生赢家桂冠的时候，却接到了简洁的电话，说自己被分手了。

说起简洁被分手的原因在万千条奇葩里也是独树一帜：对方家长嫌弃她的脸蛋未达到"三庭五眼"的黄金比例，影响下一代质量是幌子，真相是她男朋友那位迷信的母亲找人算卦说简洁没有旺夫运。

在母亲的逼迫下，男友提出了分手。简洁伤心欲绝，一大早跑来我的小公寓疗伤，不吃不喝不睡，窝在沙发上抱着抽纸盒掉眼泪，一边伤着心还不忘做自黑总结，"这么多年我拼死拼活，兜兜转转一大圈，没想到最后还是败在起点。"

这样的总结，说实话真的让我很生气。

因为一个没有主见不懂珍惜的男人就把心中的山川湖海夷为

平地，这样的自暴自弃如同脚痛还买了劣质膏药，还让不让人好好走路了！

我着实想敲醒她，于是凶狠地掳走了这货手上的抽纸盒，转而甩她一管自己刚买的新款唇膏。

她挂着泪珠一脸茫然，我恨铁不成钢地戳戳她的脑门，做刑讯逼供状，"我最狼狈那会儿，是谁慷慨激昂义正词严地跟我说任何时候口红比纸巾更重要的！给你十分钟把你这夗样憋回去，补个妆跟我出去吃饭。"

这货吓得一哆嗦，浑身负能量一秒流失掉七八成，看表情显然想起了被遗落的回忆。

其实，真不能怪我气得彪悍到丧失理智。

从高中时代认识，简洁一直走的都是高能强悍路线，高中三年蝉联班级第一，高考结束去了知名大学最好的专业，因一手漂亮的毛笔字进校就被招进宣传部，大三通过选拔参加学校的留学项目，毕业拿到了最好企业的高薪水 offer。

她不依仗良好的家境，假期和周末会去打工；她善良豁达，被街头行乞的孩子哄抢到身无分文未曾抱怨过半分。这样的她，在绿茶婊满地跑的年头，却因为长得不够好看被分手，真是比怀才不遇还令人难以将息。

被分手是对方的遗憾，凭什么要肝肠寸断！

我和简洁成为好朋友，确实是因为彼此不够美而惺惺相惜。

从初中到高中我顶着一成不变的蘑菇头，不挺的鼻子上架着一副大大的眼镜，嘴巴不大却有两颗硕大的门牙，穿最普通的衣服背毫无性别特征的书包。那是一段非常非常绝望的时光，我做每一件事儿都能成为别人嘲笑的资本，优异的成绩也不能填补这份时刻身处嘲笑中的苦涩。

我眼巴巴地看着周围男生捧着心讨好漂亮的女生，对方还眼皮都不愿抬。为什么？太多了，不稀罕！

当时的我特别迫切地渴望能被男生喜欢，这种渴望与情字无关，与虚荣无关，就只是单纯地想要得到一份肯定一份温柔的力量。

但是，许多事情越迫切结果越糟，从初中到高中，没有一个这样的人出现。这样的结果导致我越来越自闭，不修边幅，自暴自弃，直到读大学，我已完全成了糙汉子一个。

大二那年，我暗恋的男生向我炫耀他漂亮的女朋友，我躲在女生宿舍楼顶哭得好不狼狈，恰好来楼顶吹风的简洁实在看不下我难堪的哭相，递给了我几张纸巾。

时间是治疗心灵创伤的大师，但绝不是解决现实问题的高手，但认识简洁以后，我发现智慧绝对是变美这件事的重要组成部分，她以身体力行的方式催熟了我改变的勇气。那时的简洁跟我一样游走在肥胖界，不过我们相遇前她已经幡然醒悟，正闷不吭声地做着变美的努力。后来她看丑小鸭如我还没有逆袭的觉悟，干脆收编我跟她一起行动，将自己调整到更好的状态。

管理身材先从减肥开始，我们俩每天结伴在操场跑一小时，坚持过午不食，杜绝一切零食，饿得狠了就互相挑剔彼此以保持斗志。

为了改善肤质，每天一杯豆浆一枚苹果，每周一贴面膜，盛夏三十七度的高温天裹着长袖过活，为了改善发质耐心地在宿舍用电煮锅熬生姜水，为了学习服装搭配每月跑去书店蹭时尚杂志，回到宿舍将所有衣服摊开，不厌其烦一遍一遍搭配。

都是最普通的小事，不新鲜也没有丝毫创新，只有最朴素的坚持，尽可能对自己苛刻，开始挨得辛苦，但始终一往向前。

这种状态持续了很长时间，突然有一天，我已经不记得具体日期，有男生对我说：你笑起来很可爱。

好像就在一夜之间，很多人就开始说，你真的很可爱。

我无法形容自己内心的震颤：岁月加身的天然痕迹会因为你的努力而变得美丽，尽管这种改变远达不到逆袭的标准。

更重要的是，这想尽一切办法的尝试和坚持，为你打开了更广阔的世界，向你展示生活有着各种可能性，也发现自己有无限可能性。

当然，时间成全了初衷也挟裹着苦衷，贯穿我整个少女时期的自卑感到现在仍然在心底藏匿，那个夸我可爱的男生毕业时跟我分了手，在工作和生活上我也没有被命运特别眷顾，但我越来越明白一件事，有时候生活只是给你一个假摔，你真的不必灰心把所有的热情抽离出你的小世界。

大学毕业以后，我在家乡做了一年不开心的工作之后毅然决定去大城市闯一闯。简洁让我去北京和她一起奋斗，我大包小包满腔热血而去。每天早晨我们穿梭在地铁拥挤的人潮中，简洁在人民大学站下车上班，我则满北京跑面试。持续多天找不到一份中意的工作，在家乡优越习惯了的我自信心大跌，每天一脸狼狈地回我们租的蜗居。

记得有次赶完一场面试的我遇到空前的暴雨，在地铁口瑟瑟发抖地等了三个小时，暴雨渐小时才踩着漫过脚踝的积水深一脚浅一脚地跑回去，狠狠哭了一场。

如今我在北京安定下来，有了自己的小房子，有志同道合的伙伴，有亲密无间的爱人，再也不用担心暴雨天孤单一人，但我常想起那一天，简洁向我要着狠说的话。

那天，下了班的简洁抽走了我手上的纸巾，带着我下楼去吃热腾腾的火锅，又带着我买了一支橘色唇膏。她把唇膏放在我手中，对我说："女孩子要记住，任何时候，口红都比纸巾更重要，有浪费纸巾擦泪的时间和力气，不如好好补个妆，重回战场。"

这支唇膏，带着简洁对我的鼓励，支撑着我挨过了成长中最艰难最疼痛的一段时光。时间教会我长大，教我在学会爱人之前先尊重自己。普通如我，渺小如斯，恍如尘土，但，我是我自己的，无论外表还是精神，只要我对爱自己这件事念念不忘，禁锢我的墙最后都能成为我打开世界的门。

不是每个人都有机会成为女神，但是任何人都可以成为自己。

我在北京待足了两年，简洁也迎来了她北漂生活的第四个年头。我热恋又失恋，简洁换了公司也升了职。也是这一年，简妈妈查出严重的卵巢囊肿和子宫肌瘤，必须手术。简洁坚持要求妈妈来北京做手术，而简妈妈住院的日子是简洁公司业务最繁忙的黄金期，她奔波在医院和公司之间忙得人仰马翻，常常忘记吃饭，但是每次去医院之前，她从不会忘记简单地抹点唇彩，顺便拍拍脸颊。简爸爸退休以后自学中医，每次见到简洁苍白的脸色都会絮叨不停，即使在医院里也不例外，于是，简洁常常以抹唇彩拍脸颊的方式来遮掩疲惫。

简妈妈出院后待了两天就坚持回家，简洁劝说无效，只好买了车票送爸妈回去。晚上，我们俩坐在餐桌上吃着简妈妈包的饺子，气氛很沉闷，简洁接到父母到家的平安电话情绪才有所缓解。

吃过饭，我们窝在沙发上，简洁握着遥控器一边换频道一边跟我闲聊，她说："夏夏，平时我总说爱自己是女人给自己最好的护肤品，其实，父母的爱才是最佳的玻尿酸。我们都是普通人，生活不会尽如人意，但是在所有不愿意经历的过程中，我只要想想父母对我无条件的爱，心里就会填满万丈阳光。我之所以这么爱自己，是因为始终被爱着。"

任何时候，简洁都比我更明白道理，以一支唇膏换全新的自己，这种蜕变，我相信，她做得比我好。

人生不是只有选择，还要勇于承担

深夜被提示音吵醒时，我以为自己仍在梦里。

摸过手机，打开一看，是大丽发来的信息。

她说：夏夏，我想逃。

看着这条信息，隔着手机的屏幕，我能理解大丽心底的焦躁，在对话框里写了一段话却在准备发送的瞬间又一一删除，我知道这些话无法提供适当的安慰。有些事如揽镜自照，还得靠自己才能得到解药。

大丽爱旅行，去年六月辞职去云南，今年三月才开始工作，薪资足够丰厚又颇受老板赏识，可是她仍然不快乐，想要逃离这样琐碎而平庸的日常。她向往在路上的自由，渴望能有一天开始周游世界再也不要停下来。

旅行就是对一个个看不到方向的转弯做选择，面对未知，从心底出发，不管身在何处又会与谁相遇，这样的生活绚丽而极具诱惑，体验过华丽的冒险再回归到正常的生活自然觉得庸常而寡淡，我想，我能理解大丽的心理落差。

从湖南回到家乡的时候，我曾夜夜做着噩梦。梦里我被拥挤的人潮推搡着前行，我们坐着船驶向对岸，下船时我被人推了一把掉进湖底，冰凉的湖水灌满身体，我居然丝毫感觉不到冷。梦境的最后，人群依旧彼此推搡着拥挤着前行，独留我一人在湖中奋力挣扎，直至我精疲力竭，绝望地看着掩埋自己的湖底。此刻我总会醒来，拧开台灯，蜷缩在小床一角发呆。那时的我，经历了一场小的事故，经不住家中长辈的反复游说，回了家乡。下了车步行回家，小城仿佛一直未变，静谧的小径树荫浓密，绣球花开得正盛，知了声声，远处的广场上，有恣意的身影飞奔而来，耳边传来隐隐约约的欢呼声，而我心底莫名地惶恐：我害怕在各种的束缚之中，成全不了自己。

大学毕业时，我和大丽同时得到这家公司的 offer，我只身一人去了湖南，她回长沙，在父母的安排下就业。

如今，我离开湖南，她回到长沙，我们都痛苦难耐。

大丽去云南的时候，每到一个地方就会给我寄一张明信片，景色瑰丽美不胜收。她通过网络向我描述着她的生活：落脚在临湖的小镇，每天早晨沿着湖边骑着单车去打工，黄昏就着青草味的晚风静静地待在湖边，盛夏的晚霞散发着橘红色的光芒，将整个世界笼成一抹暖色。遇见无数擦肩而过的人，彼此的视线碰在一起，用笑容无声地交换着善意，然后各自离去。

大丽说："我喜爱这样的生活，想一辈子都这么任性地过。"

我保持沉默，行走是向庸常的生活挑衅，却并不是人生的终点。

其实，在湖南工作的那段时间，我的生活并无波澜，打卡上班，打卡下班，领导和同事都比较可亲，遇到不熟悉的业务对我悉心教导，因此自己给自己的压力反而更大。下班之余，我还要手忙脚乱地学习照顾自己，学会面对喧嚣后的孤独，每次与家人通话时的那句"我很好"都没有一丁点骄傲，甚至有些底气不足。但年轻最大的好处就是易于忘忧，我的惶恐很快被对世界的好奇替代，我渐渐开始习惯这里阴晴不定的天气，习惯当地人疾风骤雨的语速，习惯了在月底业务结算时苦中作乐。结局必胜的鸡汤腻住了神经，以至于让人忽略掉储备柔软的力量抵抗低谷。

成长的契机于诸多人而言，可能是一句话，一首歌，也或者一部电影。但对我而言，一夜长大的原因是一场谩骂。

在公司原材料收购期，银行跟不上我们公司庞大资金的调度，于是我们只能每天在固定时间集中付款，而我们的原料提供者都是附近的农民，他们在结算中心焦急等待时难免情绪失控。那天我等来三百万现金，开始结账。现金一笔笔支出去，一直在柜台外排队的一位中年汉子急了，一再出声要求我给他结算，我告诉他结算账款是根据原料验收单顺序结算的，请他耐心等待。他耐着性子等了一会儿，看到我手中的现金越来越少时情绪爆发了，各种本地方言的谩骂脱口而出，对我和同事的解释不理不睬，一直要求我立刻为他结算账款。一起等待结算的人瞬间乱成一锅粥，有人指责他蛮不讲理，也有人要求我们赶快结算，他们还着急回家。我和同事无奈地在一片喧嚣声中继续办理业务，直至一众人等拿到货款离开。

　　我匆匆拿出冷掉的午饭，一边囫囵吞饭一边检查付款单据，饭还没吃到嘴边，我就懵了：有一笔货款，我将已付款当成了未付款，这代表着我多支付了对方七万人民币。我拿着单据大脑一片空白，身旁的同事立即电话通知了经理，经理轻声安慰我别着急，他先跟业务部经理联系之后再说。幸运的是我付款的对象是业务部长期往来客户，业务经理跟对方联系之后，对方跟下属核对属实，便将多余款项退了回来。

　　货款追回不等于故事结束，业务部将事情报给分管公司业务的副总，副总在主管例会上批评了我们财务部，并提出辞退我以示严惩。

　　得到消息的我瞬间忍住眼底的湿意，迅速躲回房间抱着双肩失声痛哭，哭过以后我给家里打了电话，爸妈轮番安慰我劝说我平静下来，而我脑海里浮现的是副总严厉的处罚，根本无法调整情绪。直到最后，妈妈说不开心就回来，你在外地我们也不放心，而且我们本来就在为你的工作奔波，现在回来刚好。这声召唤如救命的浮木，我立刻点头表示回家。

　　挂了电话，我向公司递了辞职信，经理一再挽留，他说付款单是业务部开出，他们将已付款写成未付，你只是审核失误，业务部为了推卸责任将你的失误无限放大，副总的一人之言并不能代表公司的决定。

　　人在职场势必要面临复杂的人性考验，起跑线的每一步都不容易，我不知道强大的人如何在那些灰色的无处安放的情绪里游刃有余，而我自己在这肉眼可见的艰难中是一败涂地。

我等不及公司的决定，坚持递上辞职信，以仓促而自以为体面的方式离开了湖南。我天真地以为，重新开始能解决这世上看似不可解的难题，事实证明这一脉天真只能让自己无可避免地反复回到原点。

任何时候，治愈自己，得靠自己那颗蕴藏着力量的心。

故事如你们所想，我回到家乡之后换了几份工作，很长一段时间里都无法保持身心愉悦。在大段空闲的时间里，我时常猫在房间里思考，这时的我已经知道当初的离开是个错误，而人生有无数可能，在哪里跌倒就在哪里站起来的铿锵行动固然可贵，从山坡上滚下去就顺势站起来行走于平原，何尝不是值得歌颂的勇气。

"我是演说家"第二季里，台湾第一美女林志玲的演讲感动了很多人。她说："坠马事件之后，上天赐予我一颗柔软又坚强的心脏，我要用柔软的力量让时间推移，然后以女人如水的姿态，温和但是坚定地走出属于我自己的道路。我觉得人生的第一堂课就是要学会接受，然后把话说下把事做好，才是我们的进阶课程。"

看到这段演讲的时候，我心里是安静的。所有的经历都是催熟的良药，我们与生活不是战争的敌对关系，你选择怎样生活就要承受相应的生活成本。

你完全可以去做自己想做的任何事儿，只是，你所选择的到底是你想要的生活，还是你逃避生活的手段，是你自己需要去面对和解决的问题。

第三章

若当初够勇敢，
结局会不同吗

别总说自己不行，去做一切才有可能

　　跟朋友聊天，她一直在抱怨工作毫无前途可言。朋友是产后重新工作的新手妈妈，上班不足两月刚巧碰到公司业务转型，她尚未稳定适应工作内容，领导就安排了新的东西，而且这些事在她的工作经验中累积值都是零。朋友的情绪有些焦躁，她说："我从大学毕业到现在，从来没有做过业务，现在老板让我们去招商，这可怎么办呢，我根本就不行。"

　　为什么这样的话听上去很耳熟呢？

　　我被乍然冒出来的想法吓了一跳。

　　在两月前，我想学铅笔画，可是还没想好要怎么开始，我脑海里先冒出的反馈给我的第一个想法也是"我不行"。

　　是从什么时候开始，我们居然习惯了这样的自我否定？

　　年轻的时候没有谁会满意循规蹈矩的生活吧，年轻的我们觉得生活就是要充满新鲜感，要在不断尝试中更充实自己。可是，随着年龄的积淀，我们开始在某种程度上懈怠，安慰自己平平淡淡才是真，品过白开水一样味道的日子还依然热爱生活的人才是勇者。

事实真是如此？

没有尝试过的事，你真的不行吗？

Who knows？

我的选择是抛开恐惧，隔离负面思想，然后认真在网上查了铅笔画入门的基础需要，又咨询了身边有绘画基础的朋友，然后果断入手了教材和工具，每天坚持两个小时的练习，虽然至今画出来的作品看上去还是有些粗糙，对色彩的把握性也差，但是整体已经看得出脉络，所以我的内心是满足的。

盛夏的时候，人们用"七月，你好"的话题在微博上集体表达着对下半年的追捧，瓶子的状态却恰恰相反。刚过去的六个月，她可是过得一点都不好。大龄姑娘失恋又失业，在准备脱单的三十岁被劈腿，又弄丢了从事很久的户外教育工作。瓶子干脆破罐破摔，任性地实践了一场说走就走的旅行。

只是旅行归来，当瓶子决心在熟悉的城市稳定下来的时候，命运在这一刻并没有切换回一贯宽容的模式，反而对瓶子格外刻薄。

历经失业又失恋的双重打击，潇洒壮游的不良反应也接踵而至，原本不丰厚的钱包迅速缩水，瓶子的存单变得跟长相一样干净。

盛夏的阳光毒辣，灼人的温度却暖不热一个失意人的扫兴。瓶子如同一只被捏住了要害的小兽，整日蜷在房间里默默流泪，哀悼恋情的终结，哀愁现状的悲惨。

朋友看不惯她听天由命的怂样，呼唤瓶子去她新开的餐厅帮忙。

瓶子想了一下就同意了。

遗憾并不能让生活回到过去，远方却可以让人重新开始。更何况，做菜一直都是瓶子最热衷的事，如今有个将兴趣转化工作的机会摆在面前，她怎么能无动于衷呢？

然而事实证明，当兴趣成为工作，餐厅经营的各种琐事如同在电饭煲里煮上了一锅池塘水，浊得人无端气短。

半年一晃而过。

那天，走在去餐厅的路上，萧瑟寒风呼啦啦地吹着，瓶子才意识到冬天要来了。她一向畏惧冬天，之前工作的户外公司每年都会赶在冬季来临前早早放假，瓶子每年可以如候鸟一样恣意地搬去温暖的地方躲避寒冷。相较天气干燥的冷，显然她内心隐晦的湿冷还更胜一筹，这真让人惆怅。

瓶子在网上跟我们抱怨，说她不喜欢北方的干冷，她想找个温暖的地方过冬，她讨厌餐厅棉絮一样的管理，要是能在马尔代夫做个潜水教练就好了。

我们一群人陪她抱怨，只有田冰越过众人，发过来一句：既然有想法就去做啊。

瓶子说："不是我不想，而是我不行。"

"为什么不行？"

"你看我都三十了，没有多少存款，到国外去学潜水要交一笔昂贵的学费，而且还不知道能不能通过考试。"然后，瓶子又絮絮叨叨说了很长时间，罗列了一堆不能去的理由。

众人一致附和。

田冰说："我不明白你的逻辑，你自己设置了理想，又亲手为它安排了那么多障碍，这不是很矛盾吗？你总说自己不行，没试过怎么知道不可能？"

众人皆沉默。

是的，既然生命中的每一个突发事件都有可能将人推向未知，我们为什么不主动抉择一次？谁说活下去唯一能做的事就是生活给你什么你就接着，主动选择也会有全然不同的结果。

瓶子想了想，觉得田冰说得很对。

她想到潜水，是因为自己多年来一直都在关注这件事，而且近年来这个职业对中文教练的需求很大。

工作、恋爱、失业和失恋这些成长的代价并不是让人学习去避免灾难，而是灾难临身时让自己学会胆大。这种胆大不是少年不管不顾的放肆，相反，它听从内心亦趋于理性，谨慎而坚持，一旦做下抉择反而不会给自己留下后路。

瓶子联系了泰国潜水店的老板，并很快了解了她所需要的一切信息：潜水教练的培训时间是 15 天，培训费用大约在人民币 3 万元左右（包含食宿等开销），考试通过率约 98%，至于就业，考试通过就可以在东南亚各潜水胜地工作，收入可观且时间灵活，完全由自己安排。近几年来中国游客的数量增长迅速，中文教练的身价也是水涨船高。

揭开了对潜水职业的好奇，她并没有立刻决定，而是忍不住思忖：到底要不要去学？

最后，当她得知马尔代夫的中文潜水教练很是稀缺的消息后，学潜水的决心在那一刻变得坚定无比。

马尔代夫是一种信仰式的诱惑，人们对它的憧憬仿佛与生俱来。在这全世界都认可的美景里免费度假，同时又有钱可赚，瓶子觉得没有什么可犹豫的了。

做好了决定，努力的过程便不必多说，顺理成章的结果变得理所当然。为期两月的签证，前一个月瓶子用来培训和考试，后一个月用来学习。二月出发，一个月的时间考试顺利通过，瓶子一边在泰国实习一边向马尔代夫发出求职申请。三月底，瓶子拿到了马尔代夫最奢华的酒店四季酒店的 offer，四月，她抵达马尔代夫，成了酒店的一名潜水教练。

这一切看上去很鸡血对不对？

你不用怀疑，这一切都是真的。

细胞的代谢每时每刻都在发生，一个人的生活状态也是如此。瓶子在马尔代夫这一年，认识了很多有趣的人，有创业公司的老板，有职业美食家，有给杂志写专栏的程序员，还有弃商学画的沙画师。开始的时候，瓶子以为他们不过是一群没经历过生活摧残的人，进一步接触后才发现真相却恰恰相反，繁花似锦的背后，谁身上都有狰狞的疤。强大的人之所以强，只是更懂得包容，也更肯定自己，这些人让瓶子看到了人生的无限可能。

　　谁都有患得患失的时候，尤其是在你想做又努力去做事的过程中，碰到挫折遇到质疑的时候，相信自己别动摇，你涂抹在人生画布的每一笔描绘或许很单调，或许很粗糙，或许很快乐，也或许很悲伤，一笔叠着一笔，岁月叠着岁月，在历经漫长的行走后只剩怀念成了记忆里的绿野仙踪，每次回头看，心中不免无限感慨又温暖万分。

　　镜子布满灰尘的时候，你并不会误以为镜子里的你是落满灰尘的，那为什么心底萌生理想的时候，你要觉得自己不可以？

　　如果生活不会对你偏爱，那就尽最大的努力帮助自己，你想做的任何一件事试着去做，一切才有可能。

　　也许行动的背后，就是生活赋予我们的惊喜。

放弃"无用社交"的你，再牛也只能是一只蜗牛

最近一段时间，网络上充斥着大量关于社交这件事儿的思考，一些提倡放弃"无用社交"的言论大受追捧，几次刷爆朋友圈。

我认同不刻意社交的态度，但是对"只有优秀的人，才能得到有用的社交"的观点感到匪夷所思，这句话乍看上去似乎很有道理，认真思考一下就会发现其实毫无逻辑。

我的表弟在煎饼店排队的时候，与人闲聊打发时间。当时他刚通过事业编制的笔试，与他闲聊的哥们儿恰巧去年刚考上财政局，他热心地分享给表弟的几点面试心得，比表弟自己纸上谈兵强了百倍。

我姨妈爱织毛衣也热情好客，店里从不乏志趣相投的伙伴，白天嘻嘻哈哈交流哪种毛线好用哪款花样时尚，晚饭后结伴去跳广场舞。夏天的时候，一位阿姨介绍了自己的邻居去姨妈开的粮油店定福利，一单净赚了九千元。

表弟刚踏出校门，姨妈开粮油店，既没有稳定的工作也没有

光鲜的背景，显然与优秀不沾边儿，但他们这些无用社交得到的红利于自身而言都十分有益。

有人在网上罗列了许多频繁社交但无人相帮的案例，最后总结得出的结论就是：在你没有足够强大足够优秀的时候，不要浪费时间在这些无用的社交上，而是应该低头做事，多花时间提升自己，待到你一跃而上与他人保持平等的关系时候，才能互相帮助。

然而各行各业路数不同，有些行业你可以一个人埋首奋斗，直到光芒四射；可很多时候这显然是理想丰满现实骨感，因为很多职业并不是只完全靠自身努力就能达到牛逼的高度，它需要岁月加身的领悟，少了过来人的提点，你只能战战兢兢一点点摸索和反复尝试，走过所有的弯路避开雷区才能到达理想状态，即使你再努力再牛，也只能是一只慢蜗牛。

我的老板 M 先生，上个月刚拿到三百万的投资，公司是自主研发护肤品的。M 的成长轨迹是具象的，年少求学外地，毕业分配到国企，然后又从国企辞职创业，成立了自己的外贸公司。他风雨雪霜的打拼过程，并不斑斓浪漫，却能轻易激起年轻人的热血。他经历的一切都在证明，平凡普通的青年只要愿意通过各种各样的方式努力让自己变得更好，都是能到达设定目标的。

近几年，全球经济萧条带给 M 事业上的沉重打击，公司的业务不断萎缩，他决定主动转型，并把目标锁定在女性护肤上。然而做了决定，不等于故事无憾，从服装跨行到化妆品行业，其中的困难和艰辛可想而知。

一个门外汉想找到适合的配方工程师谈何容易，尽管 M 辗转全国各地费尽心思，仍旧一无所获。第 N 次从外地回到公司，他心里空荡得如旷野里吹过大风，刮得寸草不生，生平第一次感到绝望。为了这次转型，他忙碌了半年，没休息过一天，甚至把平日里最爱玩的垂钓都放下了。

打开垂钓俱乐部的群，M 报名参加了新活动，让自己放松一下，并决定回来撤掉这个新项目。一群人相约飞去了海南，M 也认识了两位新加入的成员，晚上随性地聊着天。M 的老伙伴问他新项目进度如何。

M 意兴阑珊，告诉对方自己不准备继续了，因为找不到合适的配方工程师。

然而说者无意，听者有心，其中的一位新伙伴告诉 M，自己跟一位工程师私交甚好，可以帮他引荐。

对方引荐的，正是 M 最想结识的那位。

接下来的事情水到渠成，M 通过工程师聘到了协和医院的主任做医学顾问，自己三次奔赴日本签下了原料供应合同，项目顺利走过了产品研发等一系列流程，半年后公司的首款单品成功上市。

M 身为颇有成绩的企业家，加入垂钓俱乐部，凭的是个人兴趣，显然相对于他的事业是无用的社交行为。然而事情就是这么奇怪，没有这无用的社交，新项目被砍掉的可能性最大。

还有，我的朋友 X 从文员成为会计也是源于一次无用的社交。

X 人力资源专业毕业，工作一年考了电算化会计，又拿到了会计资格上岗证，却求职无门。当时 X 对淘宝开店这件事很上心，经常泡在淘宝经验论坛里刷帖跟帖而意外入了淘宝本地卖家的旺旺群，待得时间久了，X 就混成了管理员，一次她在群里抱怨想找份会计工作好难，卖保健品的大卖家在问过 X 的情况之后，让她到公司去面试，在这家小商贸公司过渡了八个月，X 跳槽去了一家合资集团公司。

其实，我列了这么多案例是想告诉大家，用自己或者别人的故事去解释人生很容易导致别人的生活出错。我们都是这世界上独一无二的自己，每个人的成长经历、人生际遇都是不同的，所以将别人的故事以复制、粘贴照本宣科的方式套在自己身上是不足以拨动自己的人生的。

我们生活在一个没有谈资就会被圈子抛弃、送礼物都讲究礼仪的时代，社交无处不在，倘若一个踏出校门走进社会的年轻人既不优秀又不强大，不懂社交不混圈子，选择并认同了看上去经济实惠、放弃无用社交的行为，他们看起来很努力却没有准确的方向感，不仅事倍功半，也会愈加失落和迷茫。

人是群居动物，而企业的招聘也非常看重一个人是否拥有团队精神，网络社区的火爆也在证明社交的价值。如果我们仅仅以非黑即白简单粗暴的方式将社交划分成有用社交和无用社交，然后坚持有用的社交，放弃无用的社交，显然是不明智的。原因很简单，社交，有往来才成社交，你不与人交流，又哪里知道这场社交对你有用，还是无用的呢？

因此，放下对社交的恐惧和偏见吧，经历过才有资格，不是吗？

你不是时运不济，你只是"累点太低"

身处观点消费的时代，很多行为一大半都来自于人们对伪痛苦的消费。在这种环境下某些"借口病"应运而生，"懒癌患者""重度拖延症"反而成了流行生活的必备要素，有很多人甚至觉得倘若在做人做事的时候没有拖延情结是对不起自己、对不起家人、对不起身边的朋友，对不起一起工作的同事，乃至对不起竞争对手。

因为周围有太多人喜欢以"这件事其实很容易处理的，只是当时我有点累""做得不够好只是因为时间不够了，而不是我做不好"作为借口，而你若是做事恰恰相反，讲究短时间内高效率完成，那么，你不是人民公敌谁是？

是的，不要说你没有在电脑前走神过。我们都知道每天被老板钉在办公桌前八小时是什么滋味，说自己从不开小差的人不是超人就是骗人。习惯了在编文档的时候偷瞥一下今日头条新闻，或者做幻灯片的时候偷偷上一下QQ，然后这种无伤大雅的"小节"又在事后让人懊悔，该干正事的时间都被荒废掉了。

苍苍是个很有才华的姑娘，大学毕业运气也很好，去了一家重量级的 4A 广告公司做文案，转正就拿到了比同龄人高出一截的薪水。但，好景不长，工作不满五个月，苍苍就被公司辞退了。

为什么？

原因很简单，苍苍刷够微博聊足微信之后，才在仓促的时间里写了一份代表公司去比稿的文案，显然与她平时的水平相差甚远，结果不言而喻，不仅败北而归，还让公司的整体形象在客户的心中大打折扣。公司领导下令要严厉对待此事，负责文案的苍苍首当其冲。

丢了工作的苍苍觉得自己很无辜，她陈述自己的委屈时这么说：公司交给我这个项目的时候，是我转正后的第二个月。你不知道，实习期耗费了太多精力，我真的觉得很累，接到任务前刚完成另一个项目，我就想给自己放个假，轻松一下。我告诉自己休息一下就好，结果休息的时间不自觉就延长了，越休息就越觉得轻松，直到事情一发不可收拾。这真的不能怪我，都是拖延症惹的祸。

离开 4A 广告公司的苍苍很快找到了新的工作，但她依然摆脱不了"累点低"的毛病，工作的时候经常发发呆、刷刷帖子，或者跟朋友在网上没完没了的"么么哒"。工作效率越来越低，文案创意愈发没有新意，这颗原本在广告业初出茅庐的闪亮新星，就这样一点点没落，最后沦落到在论坛上给保健品写软文过活。

其实，生活中哪有那么多"太累"，你把生活过得乱七八糟毫无色彩，根本无关时运不济，只是你"累点太低"。

如果我们把人生比作阶梯，优秀的人玩的是拼命级别的跳跃，玩的就是心跳，我们大多数的普通人是按部就班循规蹈矩，也是可圈可点的，而又懒又贪心的人则是坐在地上看别人行走。看到别人在进步，自己心底也是焦躁的，可他就是不愿意站起来，甚至忘了自己也是有大长腿的。所以，生活里才频频发生那么多"你弱你有理"事件，自己坐在地上还眼馋别人奔跑。自己在原地踏步，但别觉得所有人都该跟你一样：你穷你弱你收入低，怪我？

如果你关注新闻，一定知道 2014 年问鼎中国内地最年轻的女富豪杨惠妍，但是你不一定知道她的老爸杨国强。

杨国强是碧桂园集团董事局主席，坐拥千亿的富翁，但很少接受媒体采访，无论在商业圈还是媒体圈而言，他都是低调的存在，但他的员工私下都喜欢称为他"大强哥"。

一次，碧桂园集团一位员工结婚，广东一带的结婚典礼都是晚上举办的，所以在五点下班后，同事们准备结伴去婚礼现场，偏偏这时候外面暴雨倾盆而下。下班高峰期，又逢暴雨将至，交通混乱堵车厉害，结伴而行的同事在漫长的堵车中心情越来越烦躁，一个小时后甚至有人为自己找了理由和借口，放弃去参加婚礼。剩下的人也很无奈，但是想想之前已经答应对方一定出席，只能耐着性子等，最后终于狼狈不堪地赶在七点半抵达酒店。结婚典礼的第一项是领导致辞，赶来的人说他们出来时看到大强哥刚从工地赶回来总部，不可能准时到达了。然而，让大家意外的是，婚礼主持刚刚开始，杨国强就衣装整洁地从角落里走到了舞台上。

　　婚礼结束，众人觥筹交错，纷纷好奇杨国强怎么能在明明赶不及的时间里准时出现。杨国强自己说："半路下车，打了个三轮车，再步行 500 米，就到了。"这个像极了包工头的亿万富豪一直坚守着自己的准则：想要去一个地方，就一定想方设法准时抵达，没有车，走路也要去，一刻也不停歇。

　　他说自己是普通人，因为不想像从前那样一天只有五毛钱用来吃饭，所以一直向前。这个故事是不是看上去真的跟拖延完全不搭边？其实大有关系，我们都知道，成长的每个阶段都是一路向前的行动，靠一步一步走着去实现的，有的人之所以会拖延到绝望，就是因为每天都不曾前进过，要走的路要做的事越攒越多而迟迟看不到自己与生活距离的缩短，才越来越感到绝望。倘若，我们如杨国强对待生活那样度过自己生命中的每一天，结局是不是会完全不同了？

　　拖延症患者有一个惯常的心理误区：事情没有到那个节点，还有时间，这一点点的事件成为"玩一会儿""不着急""明天再说""过段时间也许更好"的借口。其实时间是一直在消逝的，一刻没有停歇，人生没有节点，你拖延一刻就落人一步。有人说过，最好的休息不是睡觉，而是替换着做不同的事。

　　生活的意义，除了舒服，还有不纵容自己，跨出自己的舒适区。"低累点"就像膝跳反应一样，是人人都有的生理现象，想拖延的时候想想比你努力的人，熬过去，惰性的思维从此就在你的生命里烟消云散了。

不过是分手，别夸张了脆弱

12月真是个残忍的季节，茉莉枯萎兰花依旧，有人相爱有人分手。

朋友圈到处可见闺蜜周苏发表的状态：

"你转身得漂亮，徒留我孤独地疗伤。"

"你知道吗？天再冷也抵不过心凉的失恋狗。"

"如果时光可以倒流，我希望篡改与你的邂逅。"

……

每一句都在说分手的悲惨，每一条都有大片回复，放眼望去，全是"不要悲伤，要振作，要爱自己"的安慰。

看得我很无语，心里默默蹦出一个词，傻缺，一群傻缺。

这妞明明昨天还在聚会上对一卷毛帅哥抛媚眼呢。

上高中的时候，我也曾经这样，偷偷早恋的学术型男神转校之后，我郁闷了。那时候没有微博、微信这些让我展示忧伤的平台，却丝毫没能阻碍我倾诉的欲望，我把这场短命的恋情写成故事投给《青少年文汇》，在各类少男少女杂志里留下交友信息，与笔友袒露失恋的悲痛，潜台词是，你看，我失恋了，我很脆弱，我需要安慰。笔友果然不负所望，一腔鸡血、善解人意地回信：你还年轻，你值得更好的感情。

我作柔弱状会心一笑。

真相是，男神转校后我只是心情黯然了一下，就没有然后了。

回头想想，当初真够矫情。

如今，我刷着网络看微博翻微信，突然发现，咦，偏爱这么做的人不少。

失恋时恨不得向全世界宣告伤心求安慰求开导的人，其实，在心理上都是摆脱了情殇的。他们发状态示弱不是真的脆弱，而是为了彰显对上段已逝的男女关系的怀念，往往行动上怀念留恋，思想早已理智归位。如此深谙规则的他们，哪里需要旁人的安慰？不过是因为一时失意，而过度夸张了寂寞。

爱情是一条旅途，你走到了不同的景点就会遇到不同的人。小时候你着急长大，偷偷幻想和白马王子幸福的生活，后来你长大了，谈了几场恋爱，遇到了不同的人，看了不同的风景，享受过爱情的甜蜜，也体验了爱情的残忍，最后，那些陪你走过一段旅程的人逐渐淡出了你的视线，只被定格在记忆里。时光如水，年龄越来越大，压力越来越多，很多对爱情的美好期待，你不敢明目张胆地宣布了，你把自己格式化了，成了一块规矩的泥巴，理智冷静地等着与你禀性相符的材料，跟你熔成一尊美丽无瑕的瓷器。

当然，等待是个漫长的过程，也是一个去伪辨真的力气活，每一次分手，你又免不了去害怕被人嘲笑太现实。

你写微博，发状态，坦白失恋的脆弱，宣布虚脱的疲惫，让围观者证明你还依旧爱得纯真。其实，不过是分了手，何必夸张了脆弱。

时间赠人阅历，这么多年了，你已经很习惯为一切意外做足准备。

有人可恋固然好，无人可依，也可以很好。没有人抢遥控器，没有不必要的聚会，没有人打扰你思考。一个人的时候，总能理性地看自己，清醒地看世界：

我做财务已经五年了，中级会计师的资格证到手了，那么升职也快了。

我好爱画画，当初为了考试中途弃掉好遗憾，不如，趁这段空闲时间去学工笔画吧。

前任说我好强又逞强，他不能接受。哎，相处果然比相爱难。管它呢，没准明天就有个受得了我的不完美而我又喜欢的人出现呢，事想多了就会头疼，我还是先享受一个人的好时光吧。

你看，生活不可能如你想象的一般好，却也不如你想象的一般糟，生存不容易，除了等待爱情，我们还有很多事要做。

总之，一个人的好时光，我们更应该好好珍惜。

当然，真正需要安慰的，是另一群失恋的人。在我们身边，

人最可悲的不是爱而不得，而是玷污自己的付出。

所有的经历都是催熟的良药，我们与生活不是战争的敌对关系，你选择怎样生活就要承受相应的生活成本。强大的人之所以强，只是更懂得包容，也更肯定自己。

不论任何时候，勇敢的表达永远都比装聋作哑更动人。

经营好自己的生活，点亮自己的大世界，爱你的人会向你靠近。

接受现实不是放弃，而是学会在现有的旧事物上拥抱新的快乐，在力所能及的小事上不犹豫不纠结，有想法就去尝试，你才有可能从容不迫地过自己想要的生活。

镜子布满灰尘的时候，你并不会误以为镜子里的你是落满灰尘的，那为什么心底萌生理想的时候，你要觉得自己不可以？

地球始终是椭圆的，所以任何一种地图都无法十全十美，换一种投影模式，就会看到不一样的地方。

你不难发现这样的强者，失恋后总是一副风轻云淡的模样，即使你有心安慰几句，最后却在她淡然的笑容里自觉地噤声。这样的人才真的令人心疼。

爱情这东西太伤人是因为它的不一致性，不是你说分手的时候，我也正好想放手，思想不同频的结果，往往是一人欢喜，一人伤心。欢喜的那个脚步轻快奔向了新风景，伤心的那个却独自悲伤，只能不停地告诉自己，我很好，我没事。

看着坚强，就真的刀枪不入？

看着坦然，就真的百毒不侵？

嘴上不说的痛，才是真的伤，声音够坚定，不代表你真没事儿。伤口已经存在，你就得给它结痂的时间。痛痛快快哭一场吧，在擅长安慰的朋友的怀里，在擅长围观的陌生人眼前，哪怕是在人潮拥挤的路边。

痛了就哭出来，痛哭之后，姑娘，请安心自处。

也许，你还不懂得自己想要什么，却越来越坚定自己不要什么。有人可恋，就痛快地相爱，无人能恋，也要善待自己。无论是你一个人生活的现在，还是与另一个人牵手相伴的未来，让自己开心舒适都是最重要的事。

经营好自己的生活，点亮自己的大世界，爱你的人会向你靠近。

你是我遥远的附近

听说，所有不幸的源头都有一桩意外，所有幸福的源头都有一段巧合，穆锦葵不知道，杨旭的出现究竟是她生命里一件意外的巧合，还是一桩巧合中的意外。

遇见的那一刻，她以为他是夏天的雪糕，冬天的手套，黑夜的路灯，下雨天的伞，温柔、体贴，慰烫人心，以至于她身陷在其中沉醉不醒。

后来，穆锦葵在延迟的记忆里反复观望，才弄明白：有时候，你以为的命中注定，其实不过是自己攒足了力气，他路过世界与你偶然相遇，顺手赠送的温暖本是人手一份，只因出现的恰逢其时，恰好你又太需要，才误以为是唯一。

1

高二以前，穆锦葵的成绩用学霸两字做定义很稳妥。

关于维持多年的好成绩像豆腐渣工程一样稀里哗啦倒塌的原

因，如果执意用一两句话推究，那些九转回肠曲曲折折的心事也只好汇集成五个字：缺乏安全感。

穆锦葵从小就知道，父母的感情不太好，三天小吵五天大战的节奏是常态，虽然日子听上去过得很糟，却这么维持了十几年。

这些年，妈妈与爷爷后娶的奶奶之间的矛盾和无休止的争吵，在时间的见证下早已是自成无趣的故事，所以，穆锦葵万万没有想到一次家庭装修事件带来的毁灭性这么大。

事情是这样的，高一暑假的时候，穆锦葵家的房子翻修，屋内装修一新，爸妈因屋外的大门安装位置起了争执，爷爷和爸爸坚持将大门安在南面，妈妈坚持安在东面，因为装修时爷爷资助了部分资金，奶奶正如剜心般肉疼，借机冷嘲热讽。

本是三言两语就能和解的事，因为奶奶的冷嘲热讽而生出误会和伤害，爷爷为此气病住了院，矛盾也瞬间升级，两位姑姑纷纷加入争吵之中，误会成了有意，辩解不清也无人信任，仿佛大家等着这个开战的契机很久了。

穆锦葵如同看客，眼看着盲人骑瞎马，偏逢夜半临深池，对眼前的混战无能为力却不免恐惧不安。

大门最终还是安在了南面，一方眼中的皆大欢喜，却是腻住了另一方所有感官的猪油，争吵不过，穆锦葵的妈妈索性负气离家去外地打工了。

爸爸一直在外地工作，房子翻修完假期已经用光，在爷爷病愈出院后也匆匆返回公司。

争吵过后，穆锦葵的家只剩寒冬，再无四季。

父母相继远走，穆锦葵和弟弟在街边的暮色里，承受着周围邻居的有色眼光和指点，她感到窒息又不自在，只好以虚张声势的忙碌甩周围看客一记耳光。

不过，拮据的窘况终结了少女倔强的表演，爸妈在电话里互相推诿，生活费迟迟没有着落，穆锦葵只得硬着头皮去爷爷家借钱。爷爷既心疼又生气，让穆锦葵定期来取生活费，并安排姑姑将弟弟领回家照顾，她则搬去学校住。

2

时间是个古板又刻薄的导师，告诉你要变得强大才能安之若素，又对你悲惨的遭遇冷眼旁观装聋作哑。

高二在读的少女穆锦葵并没有强大到百毒不侵，所以，她觉得孤单觉得悲伤觉得无所依靠，对父母的离开无法释然。因为内心太虚弱，成绩一路滑坡，从学霸名单除名，勉强跻身于学酥行列，午夜时分，学酥穆锦葵常常在别人的酣睡声里睁着眼睛变换睡姿。

人啊，总是习惯在生活落入空茫的时候找点依傍，穆锦葵实在厌烦了这样的失眠，于是某天晚上决定随便打开个电台听听歌催眠，结果这个随便的决定从此以后成全了她对温暖的所有渴望。

节目的名字很普通，"杨杨的音乐地图"几个字显然没有让人一眼便心生温澜的气质。穆锦葵听到的歌声是蔡依林的《倒带》，这也不是一首让人身心飞扬的歌，但DJ的声音很好听，低沉幽默又风趣，穆锦葵是个声音控，听着这个叫杨旭的男生说话，她的脑袋突然燃放了噼里啪啦的小烟花。

日光之下无新事，夜色之下也是。无论故事的开局是新鲜还是寡味，最终走向都会落入俗套。

杨旭常跟听众温柔地互动，对失恋的倾诉者安慰劝导，为烦恼纠结的听众出谋划策，给跌落低谷的路人鼓励打气，穆锦葵躲在人群背后，听着别人的心事，心底渐渐有温潮澜生。从节目里听到杨旭无意中说自己每天凌晨一点才能下班的那天，穆锦葵也默默把自己的入睡时间定在了凌晨一点。

高考前夕，穆锦葵听到杨旭在节目里寻找粉丝管理员的时候便不假思索地报了名。第二天宿舍熄灯时，穆锦葵的手机屏幕骤亮，QQ 的好友验证提示音嘟嘟响，通过验证，收到杨旭发来微笑的表情符号的那一刻，穆锦葵的整颗心脏仿佛都沾满了跳跳糖。手机对话框的光亮给整个屋子染上了忽明忽暗的光与色，她觉得惊喜而圆满。

穆锦葵成了管理员，杨旭会在 Q 上和她聊两句，偶尔也会关心一下她的生活和学习，穆锦葵很享受这样的温暖，她在心底悄悄决定高考志愿一定要报考杨旭所在城市的大学。

高考过后，穆锦葵得偿所愿，终于离杨旭又近了一步。

3

重新开启新生活有多难，穆锦葵并不知道。

父母的离开是她心底的伤口，她不想承认这道伤口随着时间的流逝仍在作痛。但是，她可以假装已经收拾好心肺，选择一个地方重新开始，有杨旭可依傍的这个城市无疑是最佳选择。

大学的生活明媚而有朝气，穆锦葵的时间分成了两半，一半用来学习和勤工俭学，一半用来关注杨旭。

杨旭患了重感冒，穆锦葵急在心里，自告奋勇帮他收集工作时要用的歌，三天的时间收集六百首歌并不轻松，后来又因为突然的变故提前了一天，她翘了课窝在寝室里找了两天。后来，杨旭找她帮忙的次数多了起来，而她从不会提及自己的辛苦。

杨旭很忙，他主持着电台节目还做着歌手，忙到深夜是常态。有次，夜半三更，他在微博里发了条喊饿的状态，穆锦葵第二天就买了牛肉干等一堆吃食快递过去。她见不得他挨饿，想着他纤细而骨节分明的手指撕开一块牛肉轻轻推送入口的好心情，只是想想都觉得好满足。后来，杨旭跟她道谢，她笑笑说："没什么的，举手之劳。"

杨旭过生日，穆锦葵提前一个月悄悄在粉丝群里张罗，跟群里的伙伴商量每人传一张双手举祝福语的照片，收集好手写的祝福语和照片，穆锦葵做了精致的PPT，杨旭生日那天在QQ里递过了这份滚烫的祝福。

卡夫卡说："努力想要得到什么东西，其实只要沉着镇静、实事求是，就可以轻易地、神不知鬼不觉地达到目的。而如果过于使劲，闹得太凶，太幼稚，太没有经验，就哭啊，抓啊，拉啊，像一个小孩扯桌布，结果却是一无所获，只不过把桌子上的好东西都扯在地上，永远也得不到了。"

穆锦葵不愿意做个扯桌布的小孩，她骄矜地悄悄做着一切，期待着自己的心意有一天被对方发现。

生日过后不久，杨旭要去穆锦葵邻居学校做评委，约了穆锦葵见面。穆锦葵春心荡漾难以将息，辗转反侧了很久才睡着，睁开眼睛已是天光大亮，错过了相约的时间。她来不及仔细打扮，匆匆向邻校狂奔，顶着毒辣的太阳在校园寻找了许久才找到在前台做评委的杨旭。他身材偏瘦，皮肤很白，眼睛细长，本人与宣传照一样魅惑人心。穆锦葵屏住呼吸，躲在人群背后用手机偷偷拍下了他的一颦一笑，一言一行。

比赛结束，杨旭发来短信。

穆锦葵深深吸了口气，缓缓平复了紧张的情绪才慢慢朝杨旭走过去。真正走到杨旭跟前时，整个人还是紧张得手足无措，他看出她的紧张，笑着问她要不要一起拍个照。穆锦葵一激动，嘴便抢先大脑一步脱口而出，"我手机没有摄像头。"

等她意识到自己说了什么的时候，杨旭已经哈哈大笑到快岔气。几分钟前，她明明还在发消息说在偷拍他。

穆锦葵怔怔地站在原地，听着爽朗的笑声，看着杨旭漂亮的眼睛，也羞涩地笑了。

这次见面仓促而短暂，杨旭有事要忙，跟穆锦葵聊了会儿就匆忙告别了。分别的时候，穆锦葵看着杨旭开着车呼啸而过，一步步走在他走过的路上，心里开满鲜花。

时光啊，承载了多少少女的心事，又收割了多少璀璨的星光。

有的人根本不必做任何事，只是他站在你眼前，就已取悦你千百回。

4

那次见面以后，穆锦葵和杨旭明显熟络起来。

杨旭闲暇的时候时常会拉穆锦葵在 Q 上聊天，高兴了会分享他的快乐，苦闷了就大吐苦水。穆锦葵不急不躁，日复一日倾注着力所能及的关心，分担他工作的琐事，邮寄零食给他，暑假的时候还特意绣了一副熊猫吃竹子的十字绣，因为杨旭说他想念家乡，想念家乡的竹子和大熊猫，于是，穆锦葵就跑遍全城寻来一块憨态可掬的熊猫啃竹的绣布。

脱口而出的话总是很容易被当事人忘记，而倾听的人却牢牢记住。从大一到大四，杨旭所有的爱好，所有的期待，爱听的歌，爱看的书，穆锦葵一一牢记。他不记得，她却笃定。这期间，她学会了做他爱吃的菜，努力拥有他曾说喜欢的女生应该拥有的品质，听他爱唱的歌，看他爱看的书，万物静默时光流转，穆锦葵默默地努力，期待着她谱出的情歌他能听懂。

穆锦葵固执地以为懂得的人会懂，光阴下的影子终会发亮，而彼此喜欢的人迟早会深情相拥。

只是从入学到毕业，穆锦葵的大学生活都要落幕了，都没能等来杨旭的心仪。

她要大学毕业了，妈妈回家了，爸爸也回来了。

这些天是回家还是留下来的纠结在穆锦葵的大脑里来回翻

滚，而更多的时候她想着杨旭，想着自己做过的那些事，想着想着愤怒开始由心而生。她想，敢做不敢想，算什么女汉子？

任何一种迷惑心智的情绪，推动起来都是危险的。愤怒的穆锦葵给杨旭写了一份信，想要问问他究竟懂不懂，她想为爱痴狂。不过，当这封信寄出去的时候，她又开始懊悔自己的急躁和粗暴，她害怕自己会承担一份自己接收不了的结果。

等待是个煎熬的过程，三天以后，穆锦葵在杨旭的微博里发现了自己的信。他发了一张信封的图片，在图片上面写着：谁写给我的信居然没有署名，拉出去罚写十封。

穆锦葵看到这条状态窃喜，那么说，这封信可以当作没发生过啰？再看一遍，穆锦葵又无比难过，杨旭他是真的不知道还是佯装糊涂呢？

心里的念头百转千回，内心世界的小怪兽最后打败了穆锦葵藏在心底的怯懦，她决定发私信告诉杨旭，写信的人是她。

消息发过去石沉大海，前几天约定的见面也因杨旭的忙碌而取消。

穆锦葵强迫自己压下心头的慌乱，再一次忙着为杨旭的生日制造惊喜。她熬红了双眼翻遍他的微博，循着微博评论和互动的蛛丝马迹联系了他的同学和朋友，一次次请求他们帮忙提供杨旭在成长中的各时期的照片。

照片集齐了，穆锦葵将它们打印出来，配上暖心的祝福快递过去，杨旭只是平淡地道了谢，便陷入沉默。

穆锦葵不知所措，只好跟着沉默。

两个月后，穆锦葵决心留在这个城市。

而杨旭在微博里发了一张手戴戒指的图片，宣告已有恋情。

穆锦葵隔着屏幕看着杨旭骨节分明的手，滚烫的泪水从眼睛里不停往外流。记忆是款自带情绪的编辑器，自作主张地留下了自己喜欢的东西，屏蔽掉一切不如意，这种编辑之下，她和杨旭相处的每个细节都被打了柔光，幻想太美，以至于轻易遮盖了最初相遇的随意。

遇见的那一刻，她以为他是夏天的雪糕，冬天的手套，黑夜的路灯，下雨天的伞，温柔、体贴，熨烫人心，以至于她身陷在其中沉醉不醒。

后来，穆锦葵在延迟的记忆里反复观望，才弄明白：有时候，你以为的命中注定，其实不过是自己攒足了力气，他路过世界与你偶然相遇，顺手赠送的温暖本是人手一份，只因出现的恰逢其时，恰好你又太需要，才误以为是唯一。

她对他的迷恋，源于无以寄托的随意，而不是真爱的欢喜。所以，即使她努力说服自己，现实的利刃还是击碎虚妄的幻象，纵然她跑得足够快，他仍在遥远的附近。

她开局得太随意，他赠送的温暖也人人有份，这耳听得来的爱，注定死相很难堪。

5

人类总是喜欢自以为是，经常一不小心就误会了自己，有时候把自己想得过于聪明，有时候又不够聪明，好在时间总能不徐不疾地把这些误会澄清。

误会澄清后可以有两个结局，要么忘记，要么离去。

穆锦葵却选择了留在这座城市。

走进职场的两年，她的时间仍然分成两份，一份为了送老爸一辆车拼命攒钱，一份为了邂逅更好的自己。她生活得很努力，挨过了职场的阵痛，习惯了享受孤独，学会了对别人嘴甜对自己心狠，学会了取舍懂得了拒绝，明白有些东西该留下的留，有的东西该滚的让它滚。

6

今年盛夏，穆锦葵冒着暴雨趟了一场浑水。

粗暴的大雨砸到身上冷飕飕很痛，穆锦葵双膝一软差点跪地，恰巧身边的男生扶了她一把。

偶遇的两个人又在同一家店遇见，然后，一起坐在窗边等暴雨过去。

店里有清新的旋律缓缓流淌，窗外是匆忙而过的行人和五颜六色的雨伞，穆锦葵请他喝了一杯奶茶，男生同她分享了一碗热乎乎的麻辣烫。

当暴雨过后，骄阳抬头，穆锦葵爽快地接受了男生加微信的请求。

穆锦葵抬头看了看天，眯着眼睛想：幻想长不过远日，盛夏的暴雨天，似乎，挺适合谈一场新的恋爱。

7

人生是一所走不到尽头的图书馆，而那些出现在你身边的过客，如书架上陈列的一排排图书，若非拿在手中翻看，你无法预知它是精彩还是无趣。在我们人生中每一个重要的时刻，有人陪伴出席又仓促离开，因为生活的悲观虚无、失落感伤都是做人的代价，成长就是要学会独自行走。至于爱情这种东西，并不是每个人都会拥有刻骨铭心的经历，遇到能让你达到燃点的人，撞出火花爱到荼蘼，在这以梦为马的年代是好事。你们最后没有走到一起，至少不会两手空空没有回忆，毕竟谁都不能保证自己在痴情世界的一次悱恻缠绵是终点，而每一段邂逅结束你却能百分百确定自己会更谨慎对待下一次爱。

我只记得你的好

你知道榴梿在腐烂之后会怎样吗？

它，会变成一枚柚子。

1

在榴梿未曾腐烂的时候，柚子还叫宋雨思。

宋雨思是我的大学室友，当时我觉得这妞看起来伶俐聪慧，眸子里闪着洞悉世事的光。然而，现实的残酷就是为了证明自己真是专业打耳光的，熟稔了，我才明白，宋雨思的大脑构造绝对与草履虫有一拼。当然，草履虫也是很委屈的：人家可没有她那挂嬲里啪啦的炮仗脾气。

现在的世界这么乱，不在于它对奇葩横行的不闻不问，我想更大的原因是因为它对不容天理这件事的装聋作哑，比如一只兔子觊觎一条鱼，比如穆涛牵手宋雨思。

宋雨思认识穆涛的桥段说起来很老梗：明朗少女宋雨思偶尔在图书馆旁边的紫藤花架下看到穆涛，顿时惊为天人，一番打探终于得到男神穆涛的微信，屡屡请求通过验证而不得其果。宋雨思鸡血飙升，发动身边所有力量都去加男神QQ，不在乎男女，不关心弯直，只求通过男神的验证。

生活这时候再次证明了它的不靠谱，这一次，宋雨思居然就轻易地在一堆求验证大军中脱颖而出，通过验证了。很偶像剧是不是？很浪漫对不对？

真相却只有一个：男神穆涛一时手抖，点错了。

社会是看脸的，生活是随便的，一个不靠谱的开始并不妨碍少女追爱的任性，因此，修成正果的穆涛和宋雨思仍然让众人受到了惊吓。

为什么呢？因为在此之前，他们的对话是这样的：

宋思雨："这些年，我为的就是等着加你QQ这一天。"

穆涛："别逗了，你这样漂亮的姑娘不缺人追。"

宋思雨："我知道你腼腆，你内心很容易受伤，放心吧，我很坚强，不会让你受伤。"

穆涛："……"

宋雨思："你吃饭了没？"

宋雨思："你吃饭的时候无聊吗？"

宋雨思："你吃饭的时候无聊要不要听冷笑话？"

宋雨思："你吃饭的时候无聊我来给你讲冷笑话听好不好？"

穆涛："你累吗？"

宋雨思："我不累。"

穆涛："我累。"

……

爱意总是来得莫名其妙，在宋雨思这样七个月的追求里，穆涛没有被吓跑，她的草履虫思维到底是怎么撼动了他的神经我们不得而知，这一点也不重要，重要的是，这样一成不变的单调追求，连偶遇这样的技术含量超低的变通都不会的追求，居然成功了，谁肯相信？

哎，人生如棋，自创棋局的人就是这么有资格任性。

当然，这世上的任何一段恋情都没有自带为看客的心情操心的附属功能，反而具备强悍的防御系统，你若有同感，欢迎随便点赞，你若看不顺眼，请自戳双眼。傻子都知道眼睛的重要，何况我们都是正常人，所以我们会看到：

自习室里穆涛与宋雨思各自安静，穆涛捧着经济法，宋雨思啃着财务管理，却丝毫不影响两人连体婴一般的亲密；

操场上，穆涛打球，宋雨思在旁边打气，手捧着水杯，一脸痴迷，眼睛里冒出的星光，仿佛海豚在大海中翻腾出的浪花；

朋友聚餐，宋雨思吃饭前穆涛会递上一杯生姜茶，穆涛喝酒前宋雨思会翻出一袋牛奶；

穆涛与宋雨思卿卿我我的身影就这样自酿着芬芳，一天一天，从抽象到具体，经过了时间的烘焙，吸足了阳光，让曾经隔岸观火的我们都忍不住羡慕与喝彩。

2

靠校园起家的恋情有一条恒久定律，毕业前总是大多数劳燕分飞，但能躲过毕业又挨过最初工作贫苦期的恋人很少会分道扬镳。

从校园到职场，六年的时光，宋雨思和穆涛没在劳燕分飞的校园情侣中阵亡，也挨过了最难挨的磨合期，偏偏即将水到渠成走向婚姻的时候走到了岔路上，这条岔路如天堑，它的名字叫单恋未遂综合征。

格调清新、墙壁被漆成天蓝色的咖啡屋里，坐着穆涛高中时暗恋过的女生。她微垂着头，长发垂过肩膀，风情而妩媚。美人泪眼婆娑，说："穆涛，我喜欢你。"曾经的念念不忘长久覆于你大脑边缘，突然有一天撞上了你，这样的惊喜和诱惑，穆涛没有抵抗。

人总是这样，你深爱的时候，对方的一滴眼泪都是你心底的汪洋，你不爱的时候，再多的汪洋都像一场闹剧。与新欢浓浓稠稠地纠缠着，穆涛对宋雨思越来越疏于交谈。简单又一根筋的宋雨思也察觉了，她遇到了感情危机。

但是，当穆涛提出分手的时候，宋雨思还是难以置信，她崩溃了。

勇敢骄傲的宋雨思，简单如一的宋雨思，在这次的分手中成了榴梿战士，她在同学聚会中大闹，跑到穆涛的单位大闹，不分场合不分地点不分时间地追问着对方到底是谁。每一件事都做得简单粗暴，恣意失控。执念如榴梿，将宋雨思覆在其中，明明热情乐观，却浑身长刺，甚至能嗅到一股晦暗腐败的气息从身体传来。

穆涛在这场分手事件里意料之中地沉默着。宋雨思不远千里跑到穆涛家去哭诉，连我们这些朋友都开始同情穆涛，觉得宋雨思太过分了的时候，他都没辩解一声。

几个人相约吃饭，刚提到穆涛，宋雨思就炸膛了，拍着桌子喊："你们都同情他，理解他，都觉得我过分，那我呢，我算什么？我心里有他随时离开的打算时，他说会跟我过一辈子，我做好了跟他过一辈的准备时，他却转身离开了。凭什么，为什么，被动的那个总是我，被遗弃的也是我？！"

宋雨思说完，拎上外套就走，高跟鞋敲打在地面上铮铮响，留下我们无言以对。

感情不是东西，它没有重量，也没有体积，提起来的时候有难度，放下的时候依然，被迫更甚。

3

不知是时间治愈了伤痛，还是宋雨思自己找到了解药，穆涛再没有受到宋雨思的指责和纠缠。

他们分手的第七个月，宋雨思敲响了我家的门。

我们坐在地毯上，倚着沙发看电视：女生在外面受了委屈，伏在男生怀里哭泣，男生伸手抚着她的长发，轻轻的，柔柔的。

宋雨思吐槽：切，一个拥抱远没有一碗面重要。

我想起她吃货的本质，忍不住大笑。我说："人家这是浪漫。"

宋雨思不服气地争辩，"浪漫不管饱，穆涛从来不会在我伤心的时候让我饿肚子。"

这句话脱口而出，宋雨思后知后觉地尴尬起来。

我也不知该如何接口，只好陪着她在微暗的灯光下沉默。

拿过同一支爱情签的两个人，在时光机里制造了太多回忆，总会在不经意的时候跑出来温暖你。

"怎么想通的，不闹了？"我问她。

"我问他，为什么不争辩。他说，他只记得我的好。"

"你知道我有个臭毛病，吵架的时候喜欢关机，穆涛常常暴跳如雷又无可奈何。他知道我最爱城西区的光头米线，我们每次吵架，他都会客串一把外卖小弟，成为我开机后的第一次通话对象。他总会装模作样地说'宋小姐吗？您在光头米线家预约的外卖已到，请到女生宿舍楼门前签收。'每次他装公鸭嗓说这些话的时候，我顿时乐不可支，积压再多的情绪垃圾都会在瞬间变废为宝，以最快速度飞奔到他面前。

"我从小体寒，一年四季手脚冰凉，对这个，我亲爱的老妈也只是皱皱眉头。穆涛却找了他学中医的同学要疗方。他买来大枣、姜片和红糖，每天泡好带给我；我不爱跑步，他每天带我去爬楼，每天十二层，雷打不动；我讨厌吃羊肉，他把附近餐馆都尝遍了，在咱们学校隔两条街的荷塘小炒家吃到一款不膻的炖羊肉，于是，常哄骗着带我去。所以，我现在四肢已经没有当初那么冰冷了。

"我做事三分钟热度，有段时间迷恋工笔画，没敢尝试就想放弃了。是穆涛默不作声地买了教材、画笔、颜料、调色盒和画纸递到我手里，督促我学习，没想到我这么外嗨的二货能静下来，居然就这么坚持了两年。

"如今，他不想再牵手，我该学会放手。"

宋雨思抱着膝盖抬起头，眼睛亮晶晶的，嘴角带着一丝安静的笑意。

歇斯底里的背后无非是不甘心，而爱情不是一纸公平的契约，有时候，我们注定是某个人的过路客，顽强抗争也无法改写不能到白头的结局。曾经相爱，我们笑过，痛过，得到了许多也失去很多，才成了今天的我。我们彼此相爱，彼此伤害，如今分开，我也只愿记得你的好，是放过自己，也是尊重自己。

不愿再牵手，我就放开手，文明地离开。成全的姿态不是怯懦，在一起的时候相互温暖，想结束的时候不再强求，不是为了让你回忆，是我对深爱过这件事的温柔。不勉强，不挽留，留下背影迈着脚步离开你视线停留的地方，是对曾经爱过最后的致敬。

榴梿腐烂，重组的宋雨思成了一枚柚子，外清香，内败火，瓤里镶着苦，却完全无害。

4

再见宋雨思的时候，听说她，交了新的男友。

你知道榴梿在腐烂之后会怎样吗？

它，成了一枚柚子。

如果最后能在一起，晚点真的无所谓

活过了二十六个春秋，许昌远从来没有对一个女生产生过"非她莫属"的情意，认真说起来，也算是感情这件事在某种程度上的不得志。

见到舒沫之前，他认定是一见钟情是恋爱高手出战江湖的调情伎俩，是为奋不顾身的荷尔蒙披上皇帝新衣的智力游戏。

遇见舒沫的那一刻，许昌远突然体会到"情来不自禁"的注解真不是浪得虚名。

1

舒沫是来公司报道的新职员。

她手里捧着一个小小的盆栽，粉色的土陶花盆里种着一株绿色的植物，土褐色的枝节上吐出三片绿绿的嫩芽。

姑娘很酷，将盆栽放在窗台就开始整理办公桌，然后打开电脑埋头做事，动作利落一气呵成，长长的头发垂在身后，如星光洒进许昌远悸动的心里。

"嗨！这是什么植物？"他指着盆栽，忍不住上前搭话。

"开花的时候你就知道了。"舒沫抬起头，淡淡地回答。她的嗓音有些沙哑，与她清秀的面容完全不协调。

"雏菊？玫瑰？"

舒沫没有说话，柔顺的长发遮挡了半边脸，直到忙完手头的活儿，才转过头，"难道，女人的世界就该只搭配这样的大红大紫？"

二月，春风似剪刀，舒沫的表情却比剪刀更锋利，许昌远看得心头发颤，他摸不清这个年轻女孩表现出的疏离，究竟该信几分。

2

随着时间的推进，许昌远对舒沫愈发感兴趣。

舒沫，这个听上去让人心生温澜的名字和她身上散发的冷漠气息启动了许昌远尘封的"地心引力功能"，一碰到她，整颗心就轨道偏行得离了谱。

原本，在这个男女比例严重失调的广告公司，许昌远这样优质的存在被女生们当作珠宝一样炫耀和觊觎。没遇见舒沫之前，许昌远在这样活色生香的围绕中颇为享受，但是，舒沫出现以后，喝酒看花都成了浮云。

世间的种种定位都有选择的余地，许昌远却不为自己留余地，他愿意为这场情事倾注所有，手可断血可流，磕破脑袋不回头。

所以，许昌远从不在意舒沫的冷淡，每天都兴致勃勃地站在窗前看盆栽：

"不错不错，多长出了两片叶子。"

"咦，最近长高了不少，但它什么时候才会开花呢。"

大多数时候，舒沫都是一副恍若未闻的状态。若偶尔抬头，许昌远就笑眯眯地迎上她的目光。

直到那次许昌远端来两杯咖啡，然后，端起其中一杯去浇盆栽。

舒沫皱着好看的眉毛看了他一眼。

他依然不管不顾地要往花盆里面倒。

舒沫终于忍无可忍，噌的一声站起身，"你要做什么！"

"我要请它喝咖啡。"

"植物只能浇冷水！"

"那我好可怜！同事那么久，你连冷水都没浇过我一杯！"许昌远语气里满是委屈，脸上却挂满迷人的笑容。

舒沫依旧淡淡的，接过许昌远递来的咖啡，笑容藏进了心底。

"他还是这样，这么个一贯受宠的男生，偶尔遇到一个并不在乎自己的人，便接受不了。"看着许昌远的背影，舒沫在心底感叹。

人的本能是爱追逐，越得不到就越珍贵，以至于常常忽略了追逐他的那个人。其实，得不到的并不一定适合你，或者并非你想要的，仅仅是因为得不到，所以才不服气而已。

舒沫，又何尝不是如此。

只因初见的那一场心慌，她就在心底下了决定，只要他在，她就一直爱。不然，她也不会千里迢迢地从杭州跑来北京，更不会费尽心机进了这家广告公司。

3

四月，盆栽里的绿芽已经蓬勃地撑开，如小小的手掌。

舒沫在公司崭露头角，成功拿下了一个大单，项目组庆功顺理成章。

酒桌上，舒沫被大家热情地敬酒。不善言辞的她不懂推挡，只是硬着头皮不喝。眼看气氛就要僵局，许昌远赶紧帮忙圆场。

"远远，你为什么要帮舒沫啊？"公司的女同事们更不满了。

"舒沫是我搭档，而且她送过我盆栽。"许昌远一脸坦然，面色轻松。

一帮人不怀好意地起着哄，舒沫窘得不知所措，一脸的绯色在许昌远眼里比春日玫瑰更动人。

嬉闹中，没人注意人群之中有目光如刀，一刀刀划在许昌远身上和舒沫脸上。

饭局结束，许昌远送舒沫回家。

许昌远问："舒沫，你太不厚道，咱们是校友，你怎么没告诉我？奇怪，我怎么没见过你呢？"

舒沫看着他淡淡地笑，并不作声。

"舒沫，你为什么会来北京？"许昌远又问。

"因为……"

舒沫还没说就停住了，眼睛莫名湿润，漂亮的眼睛在夜色里恰如大海里的暗礁，被海浪袭击后黑得深不可测。

"不管你究竟是为了什么而来，我都希望，我能成为你待下去的理由，可以吗？"大概是因为喝了点酒，许昌远忍不住问。

舒沫看着他，满腹纠结，心潮汹涌。可是，她只是淡淡沉默，仿佛耳朵失聪，任凭他的话浮在空中，随风吹散。

许昌远也不觉得失落。

恋爱是一场需要抵抗重力的飞翔，虽然沉默不是默认，但也不等于否决啊，只要不是拒绝，就代表有机会。

4

六月，花盆里的绿叶越发葱茏，远远看去如小猫懒懒幽幽在舔舐。

舒沫每天都会对着它发一会儿呆。

许昌远也好奇，它到底会开出怎样的花。

恰巧这个时候，舒沫被临时借调到马尔代夫的分公司，决定仓促而着急，上了飞机才察觉盆栽忘记带走了。

许昌远的电话来得很及时，他自告奋勇主动表示会帮舒沫照顾好小盆栽。

这一次，她没有拒绝。

舒沫每天忙得人仰马翻，深夜时分翻看许昌远发来的消息是难得的轻松时光。许昌远的消息每天如期而至，字里行间巧妙地夹着动人心弦的情话。

他说："我浇了一杯清水，它看上去就无精打采，就像现在的我一样。你，就是我的清水。"

他说："不能抵达的远方，是我可以寄托的希望。"

他说："思念，叶子的思念也带走了我的世界。"

舒沫一直都没有回复过，心里却生出沁爽丰盈的欢喜。

四周后，舒沫终于忍不住拨了电话问："我的盆栽开花了？"

"开了，开了！"越洋电话里，许昌远兴奋得像个孩子。

"唔。"舒沫一如既往地寡言，轻缓的语调表示她此刻心情不错。

"这栀子花开得真好看，你快回来了吧？"

"什么花？"

"栀子花啊，一层一层的复瓣，花香很清淡。"

许昌远还在喋喋不休，舒沫却沉默了，她轻轻地挂断了手机。

第二天，许昌远捧着玫瑰去机场接舒沫，却扑了个空。

回到公司，同事们在窃窃私语，许昌远才知道，舒沫辞职了。

5

时光荏苒，一眨眼就过去了两年。

同事关岭在表白数次依旧被许昌远拒绝之后，绝望地问："为什么不肯给我一个机会，我遇到你比她早，认识你比她久。"

许昌远不知道该如何回答，舒沫就像她留下来的那盆栀子花，一层又一层，他始终没有看清过。

最后，他说："舒沫就像她留下来的那盆栀子花，在我心里，早已经过了花期。"

"不是栀子花，那天你出去拜访客户，我装作不小心打破了它，然后去市场上买了一盆相似的栀子花回来。其实，它是一盆茉莉。"

茉莉？

许昌远懵了。

大三那年，曾有暗恋他的女生送给他一盆白色的小花。

室友说，这是茉莉花。然后还念起席慕蓉的诗：茉莉/好像不分什么季节/在日里在夜里/开出一朵朵白色的馨香的花朵/想你/好像也没有什么分别/在日里在夜里/在每一个恍惚的刹那……

当时的他正着急在窗边打领带，他正忙着去参加一场面试，哪有精力去欣赏一盆小花。

面试的结果并不如人意，许昌远回来的时候，室友已经把那盆花转手送人。自始至终，他都没有仔细看过那盆花，更不知道对方的名字和长相。

6

马尔代夫沙滩蜿蜒，阳光绚烂，许昌远却无暇欣赏这度假天堂。他直奔那家"卿卿"花店而去。

走到花店前，有姑娘在低头侍花。她身材娇小，骨架纤细，长发及腰，一身棉布碎花裙裹在身上，别有一番风采。

有年轻的男孩过来买花，挑挑拣拣不知道如何选择。

"除了玫瑰，还有什么花能表达爱意？"

姑娘直起身，一边用手指着那些鲜花一边讲：蕙兰：我最关心的人就是你。太阳菊：你是我生命中的阳光。玉米百合：执着的爱……

"当然，"她停顿了一下，"还有茉莉，它的花语含蓄而美丽：忠诚的爱和默默地暗恋。"她的嗓音略带沙哑，与清秀的长相完全不协调。

许昌远走上前去，问得小心翼翼，"那么，有没有一种花，可以表达：请告诉她，我真的真的很爱她。"

姑娘抬起头来，脸上的表情瞬息万变，像月光下汹涌的海洋，很久之后才归于平静。

然后，她捧起一盆印度石竹，"它的花语是，我愿与你白头到老……买一盆送给她，好吗？"

马尔代夫的天很蓝，风很暖，暖得人好想谈恋爱。

愿无岁月可回首，且以深情共白头。

时间弯弯绕绕了一大圈，故事又回到了原点，但，这有什么关系。只要你回过头，就能看到，我还在你身后。如果最后能在一起，晚点也真的无所谓。

这次，换我追你好不好

春寒料峭，迎春花已经急不可耐地招展花枝。

年后第一天踏进公司，杨寒就迎来了前台呈90度的鞠躬，当然，这不是重点，重点是前台居然变女仆，笑容甜甜的，有梨涡浅浅显现："欢迎归来，这是您的早餐，请拿好。从现在起，我将成为您的新同事，公司的首席惊喜官，我是林玥梁，请多指教。"

杨寒吓得心悸，慌乱带来最后一丝理智，他看了看背景墙上四个耀眼华丽的大字——斑马科技——这提醒着他：没，走，错！

每个走进公司的人接过热饮和点心之后脸上都晃着明媚的满足感，显然，在这样一家为科技服务的雄性公司，大家对老板聘来的首席惊喜官姑娘十分满意万分点赞。只有杨寒，一杯杏仁露就着窗外未散的严寒喝下，身体已经涌起满满的炙热感，脑袋仍然懵懵的。

食草系男生的思维，遇到跟自己有关的事时总是习惯性地停留在与自己无关的状态中，原谅他不是故意的。

1

世界越来越无理取闹，爱情先天的配额越来越少，看看身边遍地都是因被爱而被拿下的男女，你敢轻视后天技术的重要性？

林玥梁认识了杨寒，就成了后天技术派的中流砥柱。

林玥梁是首席惊喜官，是热爱工作的女青年，这完全不影响她送人惊喜的同时假公济私。

看透杨寒不爱运动的真相后，惊喜官公主林玥梁特意在员工餐厅布置了一个饮料套圈区，套中的饮料随意取走。这个惊喜再次取悦了全公司，大家为此而摩拳擦掌斗志昂扬，慢热如杨寒也忍不住参与其中，理科男都热衷拼技术，更何况一大半奖品都是他喜欢的口味。

新项目启动日，老板"壕"气送礼，林玥梁在每一位员工的办公桌前摆了一份礼物，里面静静地躺着时尚腕表，唯独杨寒的礼品盒里多了一枚憨态可掬的兔子纸雕。

八月三日是斑马科技公司的男人节，惊喜官林玥梁挽起长发做羹汤，亲自煮了芋圆搭配柚子端给大家吃。偏偏只有杨寒那份，陶瓷小碗旁边的水果本该出席的柚子端上来却变成了橘子。

林玥梁冲杨寒一笑，然后转过身去继续忙碌。

杨寒一只手执勺吃着芋圆，一只手轻轻叩着桌面，嘴角是微微上扬的。

所以，各位就不必问三七女生节那天林玥梁选了要杨寒无条件配合服务是为什么了。

街道上车水马龙，商铺里散发着一股狂热的过节气息。林玥梁在咖啡馆点了一杯热巧克力，坐在杨寒对面赏人赏花赏春光。

不远处的时装店在清仓甩货，人潮一波一波地往前拥，忙碌的店主拿着衣服在人群里来回穿梭。

坐在咖啡馆里看热闹的人群，世界仿佛被划分为两个阵地。在有人相伴的节日里，节目只是附庸的点缀。

"感觉如何？"林玥梁笑眯眯看着杨寒。

"唔，还不错。"

"既然这样，就当我的男朋友吧。"

一口蛋糕噎在喉咙里，杨寒缓了缓气，才一脸惊慌地指着桌上的戚风蛋糕问："你不是在问它？"

林玥梁十分淡定，"当然，不是在问它！"

"唔，今天不是愚人节啊。"

"女生节。"

"那你开什么玩笑！"

林玥梁看着杨寒语笑嫣然："今天，你是公司给我的特权福利带出来的，你确定我在开玩笑？"

如此不可抗的条件，让杨寒手足无措，不知道是要进还是退，是要攻还是守。思维混沌，心脏先一步加速，久违的有点陌生的心跳加速，貌似鲜活许多。

只是，爱的保质期比一支护手霜长久吗？对这样一个以制造惊喜、贩卖快乐为专业的女生说出来的话，怎么可以太认真！

走出咖啡馆时，杨寒还像个梦游患者。他活了二十五岁，遇到很多人，听过很多话，都不如这天所遭遇的让他心里乱糟糟。

一个男人以进退攻守的概念揣摩感情，无非是爱感绵薄，只能当成一场仗，偏偏还不知道怎么打。

2

隔天，是周末，杨寒松了口气，刚好可以避开昨天林玥梁带来的烦恼。

端了一杯咖啡，杨寒坐在书桌前想整理下思绪。

林玥梁的电话就打了过来，"在忙什么？"

"唔，没什么事。"

"没事就快到楼下来。"

杨寒刚走到楼下，就看到了等在路边的林玥梁。

"今天是什么日子？"没等杨寒说话，林玥梁已先发制人，并不由分说挽着他的胳膊向前走。

"星期六。"

"对呀，你现在可是名草有主，周末当然是要陪女朋友了。"

"虽然是约会，我这人是很好糊弄的，看场电影就满足。"

杨寒目瞪口呆，却也乖乖跑去买电影票。

再后来的事真心没什么好说的了，正能量惊喜官爱上一个人，都会上演标配剧情：爱，得不到，就拼命给。

林玥梁每天早上起床的第一件事和晚上睡觉前的最后一件

事，就是发信息跟杨寒道早安与晚安，丝毫不惧他的平淡与寡言。

最普通的食物在林玥梁的手里成了浪漫的武器，带给杨寒的饭盒里，有时是白煮鸡蛋做成的一对大嘴兔相偎相依，有时是群蔬荟萃的煎彩蛋。

放假的时候，林玥梁总会拖着杨寒四处走走，他随手抚过的树叶，她会摘下几片偷偷珍藏，一个人在家的时候躲在床上用修眉剪给树叶剪出镂空的 Love，再若无其事地夹在他的书本里。

任何一件事，只要有人心甘情愿，知情趣又知火候，总能够让事情变得如煎蛋一样简单。林玥梁像个温暖的小火炉，杨寒感觉自己冰封已久的爱情嗅觉在渐渐苏醒。

3

然而，被误会是沉默者的宿命。

杨寒与久违的大学同学在一家餐厅叙旧，姑娘对他倾慕已久。出了餐厅已是暮色垂垂，杨寒和朋友并肩走在宽阔的柏油路上，遇到了跟闺蜜闲逛的林玥梁。

晚风清凉，温柔地抚在林玥梁翩翩起舞的裙角。

她欢快地跟杨寒打着招呼，之后才发现了他身旁的美人：烈焰红唇，一袭长裙美得像桃花雨砸了满眼，绝对不是她这种小家碧玉能攀比的。

气氛尴尬了几秒。

林玥梁礼貌地说："我和朋友还有事，先走了。"

夜色如墨，林玥梁在夜色中一步一步向前走，风大欺人，吹得她鼻子发酸，眼睛发胀。

"都说长相决定命运，难怪明明我看到只有一步之遥，他却在千里之远。"她想。

杨寒目送同学上车。

回家的路上，四周依旧喧嚣，生活在继续，晚风吹来，杨寒隐隐听到锁骨不耐烦的嘀咕声。

"她聪明伶俐，善解人意，幽默风趣，伶牙俐齿，今天真是傻气得难得。"他想。

4

上天是个促狭鬼，喜欢在人猝不及防的时候捅刀子，也习惯在人反射弧过长的时候不动声色地推上一把。

周末，杨寒没接到林玥梁的电话就稀里糊涂地出来了。

他站在林玥梁常常等他的路边，一边张望一边想：林玥梁，她，怎么还不来呢？

杨寒一个人杵在路边一上午，林玥梁还是没有来。

杨寒回到房间，坐在电脑前发呆，脑海里反反复复都是林玥梁。

手机拿起又放下，忍着无数次想要联系的冲动，杨寒对自己说，这只是习惯。

次日，天蒙蒙亮，杨寒再也按捺不住，几经辗转，敲开了林玥梁家的门。

林玥梁目瞪口呆，随后又垂下脸，声音却颤抖起来，"我，我已经不再纠缠你了。"

"我知道。"

"你真的不知道我喜欢你吗？"

"我知道，你把这个也忘了吧。"

林玥梁涨红了脸，湿意迅速沾满眼眶。

她退了一步，紧握着门把手，准备关上房门的时候，却被杨寒迅速地拦下。

她听见他声音轻轻地，不紧不慢地说："我的意思是，表白这种事，怎么能让女生来。"

林玥梁诧异地抬起头，杨寒立刻亮出迷人的笑容，并从背后拿出一捧花，殷勤递到她面前："林玥梁，这次，换我追你好不好？"

5

林玥梁曾一直嚷着让杨寒送玫瑰。

现在，艳阳高照，万物晴好，说好的鲜花在眼前，林玥梁暗暗窃喜。

拿到手里才发现：特么这根本不是玫瑰，是康！乃！馨！

谁说蠢百合没有春天

1

出站口熙熙攘攘，徐姜姜走出来就看到了迎面走来的叶飞。

第一次来北京的她，被叶飞热络地照顾着。他们坐地铁到大钟寺，将行李放在预定的酒店里又出来吃饭。

一碗热汤端到徐姜姜跟前，她轻声道谢，便开始小心翼翼地挑拣漂在碗里的香菜。

"你不吃香菜？"叶飞低声问。

"嗯。"徐姜姜点头。

"我知道了，下次一定注意。"

"从小就不太爱这种味道。"徐姜姜解释。

撂下饭碗的时候，餐厅外已经飘起了淅淅沥沥的小雨。叶飞从背包里翻出雨伞撑开，示意徐姜姜躲进去。他眼睛亮亮的，似皎洁月光，像情绪溶剂，徐姜姜心底居然生出前所未有的平静。

回到酒店，隔壁传来令人脸红心跳的呻吟声，徐姜姜听得坐立难安手足无措。叶飞跟她约定了明天去医院的时间，体贴地和她道别。徐姜姜关上门，躺在床上呆呆地想着，不知道自己此生还会不会和一个人难分难舍如胶似漆成那样。

2

第二天，叶飞陪着徐姜姜在安定医院折腾了一天，做了无数道测试题，抽了血，做了脑电图，最后跟主任医生见了面，徐姜姜拿着一份写着中重度抑郁症、轻度焦虑症、轻度障碍症的鉴定结果走了出来。

挂号厅人声鼎沸，一眼望去到处都是拖着偌大行李远道而来的人，每个人身边或多或少都有亲人陪伴，孑然一身注定成了羞辱。

"还好不是一个人。"徐姜姜看着叶飞，暗自庆幸。

冰冷刻薄的医院，唯有人陪伴才能鼓起勇气闯关。

嗯，尽管，徐姜姜和叶飞是初次见面。

他们是去年夏天认识的。

那年徐姜姜刚结束了一段婚姻，躲在豆瓣的文艺小组里冷眼看热闹。叶飞是杂志社编辑，他在"最近我们读了同一本书"小组闲逛的时候偶然看到徐姜姜的读书笔记。他从来没有见过有人把读书心得写得那么犀利与温柔相得益彰，如同一把刀悬在你眼前，明知深情相拥有风险，却仍愿挺胸一试。

叶飞一条条看下去，还兴致勃勃地发了封邮件，隆重地介绍了自己并询问徐姜姜有没有兴趣开个读书专栏。

徐姜姜后来接下了这个专栏。

一次，徐姜姜在文章里写了道美食——烧饼煨牛肉。叶飞翻遍了网络也没有找到图片，只得找徐姜姜。

屏幕那端的徐姜姜沉默了一下，最后从 E 盘发过去一张图片：切成丝的牛肉、青椒和金黄的烧饼交错，盛在精致青花瓷盘里让人垂涎。

收到图片，叶飞问："你这道菜跟谁学的？"

"自创的。"

"哎呀，有机会一定要让我尝一尝这道菜，看着就有食欲。"

"不会再做了。"

"为什么？"

"婚内学的，现在离了。"徐姜姜的冷淡一如既往，答得波澜不惊。

叶飞尴尬得不知所措，看到徐姜姜发来微笑的表情，心紧了又紧，生平第一次为一个女孩子的微笑感到心疼。

3

徐姜姜觉得自己是个矛盾体。

父母离婚，她跟着外婆长大，尽管寒暑假他们也曾分别接徐姜姜到身边，但是徐姜姜十岁以后就再不肯接受这样的邀请了，这种度假似的款待，让她感觉到自己对他们各自的新家庭的碍眼。

心里盛着婴儿一般的娇嫩，面对着披荆斩棘的生活，催生了徐姜姜的敏感体质，防备心重信任感低，对别人来说平常不过的小事，对她而言都是惊涛骇浪。所以，徐姜姜又是骄傲的，在人前总是一副骄傲又矜持的模样，明明比谁都渴望关心，渴望温暖，偏偏摆出一副跟那些无缘的姿态，将自己全面武装戴着这副假面面对生活，面对她生活里所有不够亲密的人。

认识叶飞的时候，徐姜姜正处在人生的最低谷，婚姻解体，生活如一潭死水，一个人孤独地做着两人份的菜，躺在床上换遍睡姿也睡不着，徐姜姜觉得自己要窒息了。所以，叶飞的约稿恰当地解救了她。

很长一段时间，叶飞都觉得徐姜姜是挂在天边的一抹流云，他都没有见过她因为什么事儿表现过悲喜，始终淡淡的。

他一直在试图靠近徐姜姜，看到开心的东西就想分享给她，得了悲惨的教训也吐槽给她，嬉皮笑脸地说着话，提出的要求十有八九被拒绝，但他自带补给，在每个快要破碎的瞬间给自己一针回血，微笑着向前。

徐姜姜的心是被取悦的，只是她不确定这虚妄之中生出的好感能有多长寿命，书本里说的一见钟情她没遇到过，电视剧演的欢喜冤家她也从没体验过。虽然结过婚，一场婚变让她更看不清爱情是什么。

她害怕与人建立亲密关系，她期待被爱更害怕被伤害，如果她敞开双臂拥抱爱，仅仅只得到一个短暂的安慰式的拥抱，她索性将所有感情全部阻隔，不主动诉说，也不谋取同情。

徐姜姜对叶飞冷淡，但她又贪恋这份他给的温暖。所以，叶飞劝她来北京散散心，她犹豫了一下就答应了，反正躺在床上彻夜失眠，头疼也在一天天持续加重，不赏风景去医院做个检查也不错。

4

手里拿着医院的预约单，面对每周一次的复诊，徐姜姜决定留在北京。

叶飞一人住着两居室，听到徐姜姜的决定就邀请她在另一个房间住下，以便相互照应。徐姜姜本来是拒绝的，但叶飞很坚持。

"拜托你，好歹让我做个二房东发点小财嘛。"他看穿了她骄矜假面下的温柔，也吃准了她掩盖在冷淡里的脆弱。

徐姜姜搬过去以后，叶飞陪她购买了生活用品，又跟着她去给干净的厨房添置了锅碗瓢盆。徐姜姜很快找了份工作，每天早晨跟叶飞一起出门，晚上一前一后回来。他们渐渐熟悉以后，她的假面在不知不觉间出现了豁口，露出了本性的枝丫。

徐姜姜热衷收集板式设计素材，没事就爱对着电脑研究，偏偏对 PS 玩不转，叶飞就一点一点教她。

徐姜姜很迷糊，在家总是找手机，出门常忘记自己是否锁门，手机号换了几周还是记不住，每次与人交换电话，脱口而出的总是以前的电话号码。

徐姜姜很倔强，有一次她为了烟台苹果好吃还是永济苹果好吃这件小事跟叶飞争论了足足半小时，说不过叶飞就气呼呼地端走了他跟前的菠萝，倔得让人哭笑不得。

但是，徐姜姜又很温柔。

北京多雾霾天，叶飞经常咳嗽不停。徐姜姜每天晚上都会熬川贝雪梨，坚持让叶飞早晨喝上一大碗再走。

徐姜姜厨艺很赞，在叶飞几次吃得顾不上说话之后，便主动包揽了做饭这件事。叶飞口重，嗜辣又嗜咸，徐姜姜皱眉看着他嘴边时常冒出的三两颗痘痘，把他喜欢的菜做得卖相惊艳又入口清淡，因此与徐姜姜合租的日子，叶飞脸上很难再见到痘痘。

周末，叶飞陪着徐姜姜去复诊，回来的路上买两把青菜，讨论该买哪种应季水果。放假了，零食买一堆，泡壶菊花茶，两人各自搂着抱枕坐在沙发上看电影，薯片吃得咔咔脆，花茶喝得很暖胃，两个人时不时斗着嘴，徐姜姜感觉心里揣着一颗太阳，恍惚有了家的温暖。

这样想着，徐姜姜觉得自己很自私。

她始终不肯给叶飞结果，又不肯把他推开。

有时候她想，如果叶飞有了女朋友，她一定不会再跟他见面。可是，徐姜姜一想到他有了女朋友，就忍不住眼眶发红鼻头发酸。

她不想失去他，也舍不得离开。

舍不得，不就是心动吗？

时光如水，徐姜姜不知道从何时起，自己早已沿着爱情的跑道奔向了叶飞的方向。

5

两周前，叶飞公司聚餐喝醉了酒，回到家躺在沙发上哑着嗓子说难受。

徐姜姜为他切了姜片，倒了牛奶醒酒，很怕蔫了的他就此挂掉。叶飞抓着她的手反反复复地问一句话，"姜姜，为什么你不肯接受我？我那么努力，那么爱你。"

徐姜姜说不出理由，只好躲避。

她要锁自己卧室的门，叶飞抵了进来，高大的身体轻易将她抵在墙上。

"姜姜，你不喜欢我吗？"

然后，他的嘴巴覆上了她的唇。

情不自禁的时候，人的心往往比身体诚实多了。所以，就算徐姜姜简单粗暴地推开了叶飞，又反锁了门，却遮不掉加速的心跳声。

徐姜姜六点起了床，走过客厅，看到卧室里的叶飞裹着毛巾被睡得正香。她站在门口看了又看，然后转身离开。

爱情这件事，其实是个技术活，需要你用多种方法为其增值。很多时候，你想要获得别人的爱，就必须让自己值得爱。徐姜姜心底自卑又脆弱，她习惯了在困境里独自行走，习惯了心事一个人扛，她害怕被爱的时候是发光发亮的磁铁，不爱了以后被摒弃如敝屣，她相信的太少，不信的太多，遇到太美好太慎重又太重大的事情，她总是下意识地想逃避。

说到底，是缺乏相信自己也可以的勇气。

还好，关键时刻上帝用一周的出差任务负责把眼前事都抹平。

6

回家路上，徐姜姜重重地吁了口气才从出租车里走出来。

清冷的晚风穿过她的长发抚上脸颊，感觉有些寒冷又清醒，徐姜姜在楼下站了一会儿，决定上去敲门。

徐姜姜敲了三下，房门打开一道长缝，叶飞在温暖的灯光下探出头。

她双手毫不犹豫地揽上他的脖子，吧唧一口亲了上去。

她不知道他们的爱情是什么结局，也许从此相亲相爱从此执手一生，也许困于油盐柴米琐事彼此伤害而分手。

但她依然愿意试一试。

夜色笼罩天空，月亮挂上枝头，这是白日的结束，却是他和她的开始。

谁说，蠢百合就没有春天？

有些失去，不是一蹴而就

周末，闺蜜七七来我这儿蹭饭顺便跟我诉苦，说姐姐最近闹离婚。

"没有任何预兆就坚持离婚，简直莫名其妙！这些年她过得顺风顺水，现在怎么就突然要离婚呢？家里气温比外面还低，老爸老妈轮番劝，她就是油盐不进，我上蹿下跳旁敲侧击也没问出个子丑寅卯，黑眼圈倒是比眼睛大了一圈。"

无可奈何，她只好抛开嗔念，来我这儿蹭点温暖。

过了几天，我与七七有事约见，她刚好有事，便拜托老姐莫莫帮忙将资料送到我这里来。莫莫婚前时常跟我们这帮不正经女青年碰面，在我们蛇精病发作时总能保持一份波澜不惊的淡定与从容。如今，昔日的女青年们已混成白骨精，眼前人的高端还是一如当年，说话似黄鹂唱歌，笑容如春回大地，举手投足间毫无绝望主妇的失意与悲惨。

关于离婚这件事，我更难免好奇。

"姐夫老实可靠，也没不良嗜好，你究竟想啥呢？"

莫莫坐在椅子上优雅地喝着水，沉默了一下才开口："其实，也没什么大的原因，都是些小事。"

小事？！

人生悲欢哀怨妒，随便甩出来一件在太阳下晾晒，追溯个中根源，抽丝剥茧，最后矛头的指向哪件不是小事播的种？

我那八卦的小心脏蠢蠢欲动，任何时候，追根溯源的探究永远比陈述现实更有吸引力。

故事要从莫莫婚前第一次见家长开始讲起。

1

莫莫和她老公 G 先生谈的是办公室恋情，两人顺利交往一年后，谈婚论嫁这事就排上了日程表。

初次与 G 先生父母见面，莫莫就被小小地震撼了一下。

G 先生的父亲不胜酒力，一杯白酒下肚就露了醉态，婚嫁之事只字未提，只搬来小板凳，一只，示意莫莫坐下。然后，G 先生的父亲对莫莫说："闺女啊，我们家离得太远，我跟你说，你可千万别欺负他。"

莫莫愕然，十公里的距离怎么就嚷出生离死别的感伤了。且不说她欺负 G 先生这样的定论是从何而来，老爷子如此悲切地叮咛，怎么听都觉得怪异。这分明就是一位父亲对嫁女儿这件事心怀惆怅的最佳写照嘛。可这场谈婚论嫁，嫁进来的那个人明明是她好吗？

莫莫尴尬得不知怎么回话，只好低头抿嘴一笑带过。

在回去的路上，G先生解释说："我从高中开始就在外读书，爸妈是怕了这样的聚少离多。他们就这样，以后他们说什么你听听就好。"

想想G先生往日的表现，为人本分，做事稳重，他的父母又能奸猾几分。

莫莫这么想着就释然了，毕竟结婚过日子的是她和G先生，其他都不重要。

陷入爱情的姑娘总是容易被事情的表面所蒙蔽，殊不知，你以为的了解，其实只是假象。因此，后来的很长一段时间，莫莫都在为自己婚前轻易地定论买单。

2

婚后第一年，婆婆总是话里话外透着对莫莫能不能生的怀疑。

莫莫觉得羞臊，轻声解释："妈，我们已经商量过了，现在太年轻，暂时不打算要孩子。"

婆婆恍若未闻，后来干脆放弃旁敲侧击，将话题摆在了明面。每次莫莫回去，她总会固执地问一问："你例假正常吗？"

"我们这儿有个女人结婚十年都没能生出孩子，前段时间找了个老中医喝了几次药居然怀上了。抽空我带你去，或者你去不孕不育医院看看也行。"

诸如此类的话多了，一次两次还能忍耐，时间长了，莫莫也不堪其烦，愤怒越积越多，婆婆到底什么意思！

莫莫跟 G 先生商量："下次咱妈再提生孩子的事，你好好跟她说说呗。"

G 先生欣然应诺。

但是再碰面的时候，婆婆抱怨声依旧。莫莫频频看向稳坐在沙发上的 G 先生，他却恍若未闻。

"你为什么不跟你妈说清楚，明明我们商量好的，你妈不相信我，我说一百句不如你一句话，你怎么就是不解释？"她抱怨着。

他好脾气地笑，温吞吞地讨好，"哎呀，我妈就那样，口直心快没坏心眼。反正我们不常回家，我开口反驳，伤了她面子不好。"

一件事，你退一步的后果，就是节节败退，于是，生孩子的事很快被夫妻俩提上日程。

莫莫怀孕以后，对公婆猜测胎儿性别的各种版本装聋作哑，日子就这么磕磕绊绊地到了生产。

孩子生产的时候宫内缺氧，从产房出来就进了 ICU 重症监护室，一周后才转入普通病房。孩子出院的时候，还差半月到春节，公婆家没有暖气，莫莫跟 G 先生商量之后决定请公公婆婆搬来他们这儿过年。本来说得好好的，没想到除夕的前一天，莫莫的公公毫无征兆地翻了脸，甩下一句"你们不回老家过年，也别想我们在你家过年"扬长而去。

除夕早晨开始，公公婆婆轮番电话轰炸，G 先生疲惫地接着电话。莫莫心里五味杂陈，恍恍惚惚地哄着孩子，下床去倒水却栽倒在地，站起身一量体温，38.7 度。

老人一早制造的不愉快，莫莫和 G 先生很默契地闭口不提。

晚上，G 先生做了四道菜，煮了两碗水饺。

莫莫刚坐到餐桌前准备吃点东西，他却在沙发上痛哭起来，抬头盯着莫莫，"我求求你了，元宵节的时候咱们赶紧回我爸妈那儿过吧。"

那一刻，莫莫听到自己的心啪的裂开了，随后哗啦碎了一地。

她病得站不稳，他没关心一句，他爸妈心情不好，他就悲伤了一整天，甚至，心底还埋怨着她。

但，事情还远没有结束。

大年初二，酒醉的公公跑来砸门，怒气冲冲地进来，婆婆紧随其后，两人你一言我一语，骂儿子没用，让他们丢脸，哭自己命苦，孙子都不能抱回去给邻居看看。指责越多心情越激动，公公干脆拿着盛水果的果盘就往莫莫身上砸，孩子吓得哇哇大哭，而 G 先生则站在旁边沉默如定格了的蜡像。

莫莫火速从厨房拿出菜刀握在手里挥舞了几下，"你们凭什么打我？我做错什么了？我只是一个母亲，我只是为了自己的孩子。如果你们觉得我做错了，那么我现在就走，但是，一旦我走了，你们谁也别想我再回头。"

他们看着平时柔弱的莫莫，紧握着菜刀，眼神犀利且凶狠，一时间都被这场家庭战巨大的变故怔住了。

G 先生率先慌了手脚，公婆也悻悻地走了。

他脸上是一贯的羞愧表情，想张口说点什么。

莫莫却不肯再多看一眼，只对他说了一句，"自始至终，你有没有明白，如今你也是一名父亲。"

一个为人夫为人父的男人，在最该站出来的时候，却选择了沉默，已是对家人的最大伤害。事后弥补的解释，不只是冬天的蒲扇那样多余，反而如雪上加霜，更让人心寒。

3

之后的事更不必多说，莫莫产假结束，婆婆不肯带孩子，莫莫的妈妈身体不好，又找不到合适的保姆。于是，莫莫只好辞职在家照顾孩子。

婆婆闻讯而来，破口大骂，她骂莫莫吃白食，骂莫莫将家庭的重担甩了在 G 先生身上，最后哭天喊地埋怨 G 先生命太苦。

当时，G 先生不在家。

莫莫如看客一般，在婆婆表演结束后，客气地关了房门。

G 先生回家的时候，莫莫将经过简短地转述了一下。

G 先生一如既往地沉默。

过了几天，莫莫赌气找了一份兼职策划的工作。

七个月大的宝宝刚刚学会如何爬，莫莫带着孩子，写着方案，如不停歇的小陀螺。有时候，宝宝晚睡，方案急需修改，莫莫会要求 G 先生照顾宝宝一会儿，但是，就是短暂的几分钟，都让他不耐烦。

婆婆先后又来闹过几次，莫莫再说给 G 先生听的时候，他也总是粗暴地打断，"别跟我说，我压力大。""别说了，我不想听。"

一株植物，总要花些时间去打理才能保持茂盛的姿态，人也是一样，如果爱得太粗心，就等于在放弃。

莫莫成了一个沉默的人。

她默默地照顾孩子。

孩子午睡，她默默地洗衣服收拾家务。

夜晚，孩子入睡，她拖着疲惫的身体默默地赶策划到凌晨三四点。

尽管如此，G 先生回家，莫莫仍做好了晚饭。

G 先生的衣服，莫莫如往常一般洗好叠好放在他的衣橱。

饭毕，他呈大字状躺在客厅的沙发上玩游戏，莫莫在卧室里给孩子讲故事。

一切都很和谐，莫莫默默地让自己活成了一个单身妈妈的模样，so，对 G 先生，一个眼神她都欠奉。

4

如今，莫莫的儿子四岁，已经入园一年。

孩子翻过了敏感的叛逆期，莫莫才提出离婚。

"大家都是这么过的，你发神经啊！"他觉得莫名其妙。

父母亲人劝她，"都是些小事，孩子如今长大了，也就好了。"

她笑笑，依旧坚持自己的决定。

她不是没给过婚姻复活的机会，却终没能让它血槽满格。

"我知道婚姻的复杂，但，就是再简单的婚姻也需要最起码的维护。两个人之间如果隔了百米的距离，我辛苦走了九十九米，他却连一米都不肯走，我也只能放弃。我要的不多，他却太吝啬。"

莫莫把玩着手中的水杯，声音婉转。

我一向自诩巧舌如簧，此刻，却唇舌发僵，吐不出一字。

爱情不是维系婚姻关系的唯一标准，却一定是影响婚姻质量的关键。一次牵手，一个拥抱，一句站在对方立场着想的维护，反映的是对彼此的珍惜与体谅。真正的爱，能让对方安心放心把自己交付给婚姻，从从容容，坚定无比。感情这东西既坚固又脆弱，在这一段关系中，你以为心中有底，便不把生活中那些微小的伤害和疏忽放在眼里，殊不知，爱与被爱可以不对等，却不能不相伴。否则，就会如千里之堤，天长日久安然无恙，毁灭却在一念之间。

女人获得安全感和幸福感的途径应该是多元的，如果你的选项太单一，自我感受往往容易营养不良。要获得生活的认可，请先对自己负责，选择自己喜欢的方式，在现有的环境里不害怕不抗拒，由己及人，再对外界和他人负责，才能获得足够的幸福。

否则，也只能失去。

而有些失去，从来都不是一蹴而就。

分手时，请对爱过这件事保持最后的良善与尊重

不知道这个世界有多少人对爱情充满了梦幻而文艺的想象，我就是个中之一。

曾经，我觉得最好的爱情就是在心脏播一粒种就能收获整个森林，现在想想，不禁要大笑。人在恋爱的时候能让种子变森林，只是，在时光的见证之下，谁能保证森林不会变沙漠？

在莫莫提出离婚之前，G 先生脸上的表情从来是八卦别人的兴奋感。自己转瞬成为事件主角这样的转变，他再无法保持事不关己的冷漠。

因为琐碎的家庭纠纷而离婚，这样的选择，让G先生觉得匪夷所思。

所以，在莫莫跟 G 先生协商的时候，他完全听不下去，他承认自己父母很过分的同时为父母开脱："我父母是很过分，但他们都那么一大把年纪了，又不能回炉重铸，我能有什么办法？！"

莫莫提出只把自己嫁妆折现就好，没有其他要求。G 先生指着房子里的装饰和家电说："要钱没有，你们家当初装修的房子，

你把它们从墙上抠下来好了，还有这些家电，拉走就是。"

几次协商未果，他甚至愤怒地拎着年幼的宝宝到莫莫跟前，指着莫莫对懵懂的宝宝说："看清楚，就是这个女人，她不要你了。"宝宝吓得哇哇大哭，莫莫抱着孩子泣不成声，生平第一次觉得恨。

这场离婚拉锯战持续了两年，过程的艰难自不必说。莫莫坚持自己的事情自己处理，而 G 先生恰恰相反，觉得离婚不是件小事，几次想把双方家长拖进泥潭，最终在莫莫的强烈抗议中妥协。

G 先生在这两年一直试图突破僵局，他的 QQ 空间时常更新状态，每隔三五天总会上传孩子新的照片，甚至结婚纪念日还 PS 照片配了煽情的文字。周围的朋友感慨 G 先生的深情和顾家，纷纷劝莫莫不要意气用事。

莫莫苦笑，G 先生爱她？他在自己营造的假象里爱得不能自已，爱到自己都坚信这是真的。

而与之刻意包装的激荡人心的假象相反，真相如掉在空地的烟花捻子一样湿漉萎靡。真相是 G 先生随口而出的道歉从不会少，行动上的道歉从未实现。他们分居期间，孩子依然是莫莫一手照顾，家务活也依然是莫莫操劳；G 先生吃过的餐桌用过的厨房，如果莫莫不去收拾，碗筷长毛 G 先生也无动于衷；孩子弄乱的地面，如果莫莫不收拾，G 先生也能从堆积如山的玩具中淡定走过。两个人稍有冰释的迹象，G 先生就一脸嬉皮地问莫莫，"透个实底，你到底存了多少钱了？"

初为人母的女子，但凡心中有爱，总会有为了给孩子一份完整而向生活妥协的思想，莫莫也不例外。磨难，是内心整合的过程，她期待自己在这场海洋风暴里自愈，而忽略了没有人疼惜的坚强争气也必定没有资格翻盘。改变自己是自救，影响对方才是挽救，而忍耐力较诸脑力尤胜一筹的整合，只能加速婚姻的解体。

时间不能涂抹悲伤，却能让人更清醒地看待世界，更理性地对待自己。两年的时间，足够摧毁一个人的信念，也足够笃定自己的选择。莫莫坚定了离婚的选择，两人的离婚协议里写上了"房产无论何时出售，均需赔偿莫莫现金十五万元"的条款，他咆哮教主附体般一脸真诚，"我是为你好，你难道不知道我是真的为你好？"

莫莫不置可否，笑一笑，爽快点头。他和她都明白，这套房以留给孩子的名义不会出售，这抹去了莫莫全职在家带孩子的付出，而精算出的数值不会兑现，这白纸黑字的允诺如同一张虚假藏宝图，莫莫连戳破的力气都省了。

没关系，只要孩子能在自己身边被她照顾，抚养权、财产这些其他事，莫莫都觉得无所谓。

请对方净身出户，理直气壮抹去其对家庭的付出，最后还强迫对方为此点赞，这么冷笑话的行为真的很好笑。不会嫌弃自己内心的不堪，只埋怨生活太无情，生活无包庇之罪啊。

有人说莫莫是圣女心态，有人说莫莫的女文青性格坏了她的婚姻，有人指责莫莫自私毁了孩子，还有人嫌弃莫莫不强势，明明起诉可以解决的事儿，非得纠结这么长时间。这么多声音中，我却鲜少听到有人说起 G 先生难堪的分手姿态。

最近大热的电影《我们结婚吧》如此受热捧不是因为剧情多新鲜，而是我们内心真诚地渴望，在岁月的慈悲里也能等到一位可以携手的人圆满这一生的共鸣。心因欢喜而自在，我们沉浸在老陈与雯雯、凌霄与顾小蕾、曹大鹏与田海心的浪漫求婚和李想与文艺的邂逅里如痴如醉潸然泪下，莫莫却在文艺悔婚的桥段里泣不成声。

汪云飞说："我们在一起七年，我们是亲人。"

分手见人品，相爱时不需要向世界证明，分开时也没有必要向局外人解释自己，两个人的感情纠结只有经历过才会懂得。

圣女心，文艺范，不是谁天性犯贱，也不是自尊心作祟，而是这一段感情里，我们实实在在地爱过对方，开始的对等，结束也一样。

不是所有的爱情都能走进婚姻，不是所有的婚姻都能维持到终老，爱过这件事即使成为过往也无法掩盖曾经相爱的事实。人最可悲的不是爱而不得，而是玷污自己的付出。疲惫的付出感，挽留徒劳无果的愤怒感，枉费力气的挫败感，日积月累，渐渐在心底长成一头巨兽，仰赖你的血肉为生，排泄一种由爱生恨的情绪，你放任，它便会取代你这个寄主。

你不仁我依然有情义，不是故作姿态，而是不愿意与自己交战，爱和恨一样可以占据身体侵蚀内心，曾经装满的爱空空如是，也不允许恨意填补空缺，否则，我怎么为能携手到老的信仰储蓄力量呢？不愿意与你不共戴天，更愿意顺应命运的安排，不是傻，是睿智。因为，你失去的，总会以另一种方式归来。

每个人从呱呱坠地长成现在能独当一面的模样，跌跌撞撞，摸爬滚打中，早已有独立的行事准则。人对苦难的承重感和处事的标准都是不同的，而作为故事的看客，真的看看就好。

而我希望，我们分手时，和平地擦肩，这是对爱过这件事所保持的最后的良善和尊重。

第四章

不曾察觉吗，
你是赏心悦目的

有人爱你全心全意，你却客套地爱自己

所有的运动里，很多姑娘都偏爱游泳，她们享受在泳池里恣意的状态，身心保持一致随时向想去的方向出发，如果游得累了，也很是方便，只需伸伸双脚再轻轻一跃就能离开。

就像，一个人的生活。

一个人生活的姑娘，总喜欢让所有的事情都尽在掌握之中，姿态果断又惬意。

只是，当你的生活长时间定格在一种固定模式的时候，心底难免会有倦意横生。吃饭时，点香菇油菜的次数多了，再看菜单上的豆豉排骨会蠢蠢欲动食指大动；下班后，对着屏幕看专业论文的次数多了，再看曾经不屑的娱乐八卦也会感到惊喜。在泳池里泡得久了，总会对波澜的大海心生向往，就像一个人生活了太久了，也渴望一段不期而至的感情。

谁知道，当爱情来了，生活也失控了。

这一场感情让你花费了很多时间，思考了半天，衡量了很久，然后当你决定去爱了，却发现这份爱也已经离你远去了。

又或者，爱神眷顾，你想爱的人一直在等你开局，而你的满心欢喜却也没持续多久，只是因为一件小事，这个让你花费很多时间才选择去爱的人就被你轻易否决了。

感情受挫，漆黑的夜一如未知的恐惧，你为此惴惴不安，心慌得仿佛下一秒就能随时停止运动。这样的无助犹如身在大海，尽管你也是泳池里的健将，可是到了你向往的大海，你投身其中打算畅游的时候才发现，无论是仰式、蛙式、狗刨式，你会的花样技术再对，面对一波波汹涌而来的浪潮都是没用的，它阻隔着你的身心，给你所向往的方向设置着层层障碍，过大的力度还会把你推向其他不同方向，这让事事都习惯了掌控的你非常不适应。

你是一位好姑娘，性格温和，生活积极，你听过很多版本的爱情故事，读过很多情感分析的书籍，积攒了很多两性交往的技巧，可就是谈不好一场平常的恋爱。

每一次的分手，都长成一颗颗獠牙，在你猝不及防的时候撕咬你一口，伤口越多也越深，你痛彻心扉。你觉得委屈，你这么努力，生活凭什么这么对待你？

曾经你也为爱奋不顾身过，也曾一心一意为两人的幸福努力经营，为爱情轻视名利甘心吃苦过。是什么时候开始，你变得如此自持又冷静的呢？是吃过苦，受过伤，为爱舍身偏又遇人不淑之后。花了一些时间，经历了一些事情，身上的情伤多了，你看清了一些人，也学会了给自己留后路。越来越多的姑娘看过了爱情的不美好，懂得了爱自己的重要，保持自我，保持清醒，不要也不肯在下一段爱情里爱得不遗余力。

他对你一见倾心，你怀疑他见色起意。

他对你日久生情，你说他权衡过利弊。

他爱你全心全意，你却始终只客套地爱着自己。

等到对方耗尽了力气转身而去，你又责怪他不够坚定不够爱你。

亲爱的姑娘，你冷静下来细细想一想过往，追溯根源，这一切真的是生活对你太过刻薄吗？

不是的。

很多时候，并不是生活的现实让你远离了爱情，而是从一开始你就没想过坚定不移地去温暖一个人，不是生活里没有永恒，而是你的浮躁和过度的自我保护让你与真爱失之交臂。

爱自己从来没有错，错的是矫枉过正的做法。

众所周知，爱情这东西很娇气，它经不起太多的矫情和无理取闹，也拒绝刻意的伪装和小心翼翼，它带给你惊喜和欢愉，也准备了磨难和考验。你不能享受了它的甜蜜美好，又唾弃它让你备受煎熬，然后逃之夭夭。

对待爱情，每个人都有自己独特的见解，而我特别喜欢蔡康永的一段话，他说："上段恋情，全心投入，结果重伤。于是这次恋爱怕受伤，就很保留，这意味着，上次那个伤你的烂人，得到最完整的你。而这次发展中的恋人，得到很冷淡的你。我知你是保护自己，但若这是生意，你这店一定倒的，永不再来的恶客得到最好的服务，而新客上门则备受冷落，这店怎能不倒？"

爱情不是简单的加减乘除就能收获最佳答案，不是调味品添加得越多就越口味上佳香气袭人，爱情原本的模样只是一个简单的磁场，单纯地吸引了频率相同的男女在磁场里不期而遇。

所以姑娘，当你忍不住受到磁力的吸引，请试着抛开心里过度的戒备和疑虑，还原爱情原本的模样，别再客套爱自己，也看到对方十足的心意。

只要你不怕爱情太麻烦，即使光着脚也能走到远方去。

女孩子要去大城市闯一闯

辞职离开北京，我在西二旗等车，前面一位姑娘上车时被踩了脚，上车后便缩在扶手旁沉默，眼底盛着些许委屈，一脸的局促不安，表情举止冒出的忐忑和紧张暴露在拥挤的人群里，却无人在意。我站在旁边看着姑娘全程沉默着，右手握着左臂，直到下车，猜想这姑娘定然是初来乍到，没由来的，沉闷的心情突然轻松很多。在这个最好也最坏的时代，总有年轻人没有技巧，没有顾虑，没有衡量，仅执着一个梦、凭一腔热诚投奔远方。

真好！

当下，年轻人到底该留在小城市还是去大城市闯荡的讨论早已经不是新鲜话题，尽管说再多总难免有新瓶装旧酒的嫌疑，但我仍然想热一热冷饭，谈谈我为什么支持女孩子去大城市闯一闯。

有理有据总是离不了生活里的真人出镜，那么我先说个来自身边的故事。

我的表妹一直看不起小县城家乡，就读本科的时候她就撇下豪言壮语：毕业后不再回来。开始大家不以为然，觉得你一高考失利的姑娘，在外地看似风光地读书，毕业以后不回家乡弄个事业编制嫁人还能干啥？表妹本科毕业顺利去了西南政法大学继续深造，研究生毕业前夕又准备大展拳脚考博的时候，大家开始纷纷赞同她当年的志向，说姑娘有远见。但是，表妹家里就炸膛了，姑父姑妈坚决不同意她继续在学校深造，在他们看来，女孩子读研都已经错过了嫁人的最佳时机，再读博士分明就是奔着"齐天大剩"的道一去不返了。他们苦口婆心，一言堂苦肉计软硬兼施轮番轰炸，表妹最终没能扛住压力，研究生毕业之后只好乖乖地回了家。

本以为工作的事轻而易举，生活偏偏不解风情。毕业第一年，表妹既没有考上公务员也没拿下事业编考试，姑妈临时把她安排在医院做行政人员。然后，表妹除了准备考试的所剩不多的时间全部被相亲占据，约见的对象聚在一起绝对能组成一加强排。工作迟迟没有解决，结婚对象悬而未决，家里的氛围持续低压，姑妈亲自上阵押着表妹去美容院绣眉、埋线又漂唇，最终情定了一位高中老师并迅速将结婚事宜提上日程。男方的家庭很清贫，婚事被提上日程之后，女方这边一步步迁就起来，买婚房出首付，不要彩礼，嫁妆丰厚，一众人忍不住唏嘘，那么高学历有什么用，年龄大了一样愁嫁。

所幸生活有无限可能，事情一路峰回路转，先是表妹被检察院录取，然后在她准备订婚全家为选新房操碎心的时候，同批录取的小鲜肉型帅哥向她表白。于是，一群人欢天喜地，王子和公主举行了完美的婚礼，剧情逆转，令我等一众看客皆傻眼。

你以为王子和公主从此以后幸福生活就是结局吗？

当然，你想得太美。

事实上，这对小夫妻在被催婚后，光荣迈进了被催生的队伍，被勒令不准报名考试，不准复习，不必要有上进心，先一心一意生了娃再论其他。

这个故事听上去毫无亮点对不对？

这个故事似乎跟去不去大城市闯荡没有半毛钱关系，对不对？

对。

这位姑娘，她身上发生的一切好与坏都是自己选择而结的果，跟我们没有任何关系。

可是，故事本身却值得我们好好思考一番。我们读了那么多书，听了那么多道理，为什么还有那么多姑娘走进了将就自己成全别人的怪圈。有多少姑娘心底也曾安放着笔直的誓言，却为了父母殷切期盼因孝而顺的退让，为了得到周围人的一句认可而盲目低头，把自己纯纯欢喜的东西藏进心底装在口袋里，直至岁月将其风化吹散。或许，她们也曾努力过，只是双脚还未跑远，冷眼和嘲笑已经扑面而来，小城盛产好奇和嘲讽，周围的看客有的是闲工夫，姑娘勇敢的心在这样的强大舆论环境里被一点点蚕食，最终沦陷于疲惫的生活里做着随波逐流的事。

当然，如果你青睐的生活就是学业有成后回家相夫教子，显然没有看下去的必要，因为我要说的跟你想的事恰恰背道而驰。

回家不久，我跟表妹在亲戚的婚礼上聚在了一起，我们说起她毕业回家的那段时光，她说：那段时间，我的情绪非常糟糕，几次崩溃，失眠是常有的事儿。我一直努力说服自己，决定了就做下去，坚持不了的都是过路风景。其实心底早就明白自己错了，只是已经硬着头皮走了这么久，只好将错就错下去。若不是承诺父母在前，再给我一次机会，我绝不会回来。

在人生的跑道上，我们经历着各种意志的磨炼，你梦想的size在第几跑道城市决定不了，但是阅历和视野可以给你答案。我觉得至少有以下三点理由值得女孩子们年轻时候去大城市闯一闯：

第一，人生那么长，不妨活得自我一点。

生活是一场视觉盛宴，任何一套单一的理念都不可能垄断社会，社会是多元价值观并行的，每个人都有不止一个选择。我们没必要把一脚踏进职场另一只脚就迈进婚姻围城当成人生模板，也没必要把活成铿锵玫瑰当成最佳答案，我们可以根据自己的喜好和选择，以自己喜欢的方式生活。小城生活环境安逸，舆论压力巨大，选项单一到必须给周围看客一个交代。大城市不仅职场选择广就业机会多，生活方式也更具包容性。

第二，练习一个人生活的能力，增长阅历保持独立。

我不否认在大城市里生活的艰辛，加班累成狗，下班无好友，不及在小城市里朝九晚五按部就班。但是，固定模式的生活里有的是没有想象的明天，一成不变的生活不断积累的结果是逐渐让整个人凝固，上进心衰竭。大城市固然忙碌，却没有时间让你空虚寂寞，反而在浮华中学会不轻易辜负那些千载难逢的喜欢，坚守该坚守的，呵护想拥有的，带着也许不能触及的梦想，消磨你的戾气，督促你成长，让你学会独立保持清醒。就脱单这件事而言，或许你还不明白自己喜欢什么，但一定知道自己不喜欢什么。

至于孤独，相信你在任何一个地方，都难免会有孤独感，这样的人生必修课全凭个人修炼的火候，不分时间和地点。

第三，随时转换跑道，生活的每一面都很美。

日本心理学家森田正马说："每个人都藏着一个叛逆的小孩。人生总要有哪怕一次，放出自己内心那个叛逆的小孩，这样，到老的时候，我们才不会感叹，这一生，我都在为别人而活着。"身在大城市有无限任性的可能，你会计专业想转行做写手，你学设计出身想玩音乐，你做主持人腻味了想做心理咨询师……统统没有问题，培训课随时读，志同道合的人随时约，别说在小城市只要有网络一样能学到。很多事实践比理论更重要，你确定你找活人实践这事儿一样容易吗？至多，只能刷刷豆瓣小组看着坐标望洋兴叹吧。

当然，我说的闯不是非要头破血流在大城市立足，而是在最好的年纪做点最想做的事儿，增长阅历开阔视野，因为曾经的这份坚持，就算在平淡烦琐的生活里也能有不一样的心境。

地球始终是椭圆的，所以任何一种地图都无法十全十美，换一种投影模式，就会看到不一样的地方。生活亦如此，无论是大城市还是小城市，都有它不完美的地方，只要选择了，就请且过且珍惜。

爱情原本的模样只是一个简单的磁场，单纯地吸引了频率相同的男女在磁场里不期
而遇。只要你不怕爱情太麻烦，即使光着脚也能走到远方去。

遇到下雨天，记得撑好伞，才是当下最重要的事。

我们居住的这个世界，比你有才情的人有很多，比你懂生活的人有很多，比你能吃苦的人有很多，比你会选择的人也很多，可这没有什么值得你羡慕。

你以为生活只盛产残酷，却忘了它残忍的同时也自酿芬芳。

她眼睁睁任凭原本属于自己的时间被其他的人或者事塞满，她甚至没有意识到，她
在自己的人生舞台剧里活成了一个死跑龙套的。

为了自己，请屏蔽掉一切"晒"努力的心虚行为吧，要知道努力是一件深沉的事，标榜努力而不低头努力则是最该差评的态度。

在最好的时光，请捡起那些曾被你随意透支的"有空以后"，用尽全力做一件事，去爱一个人，去成全自己，成为自己。

刚柔并济、软硬兼施是行走人间最舒服的方式。只有卸下盔甲，身姿柔软地生活，我们才能接住想要的幸福。

有嫁值的姑娘，运气总不会太坏

大学读书时期，我认识了一位有趣的姑娘，直到现在记忆犹新。

姑娘高考失利又不肯复读，于是来到自考班学习。自考班学习紧，任务重，一个月后，姑娘受不了这种紧张感，没跟家人商量就擅自退了学。

那时网络才刚刚兴起，姑娘拿着学费在大学旁边的小区租了套房，然后掏出所有的钱去科技市场淘了八台电脑，一个小小的网吧就这么成立了。

网吧生意的火爆程度可想而知，一年以后，姑娘的网吧已经颇具规模。四年后，她已经买了房，一个月近两万的固定收入，远远甩开了我们这群初入职场的菜鸟。

但姑娘并没有因此停下脚步，她心思敏锐，善于钻研，在学校附近开了奶茶店，2007年股市大热，姑娘以二十万本金投资基金和股票，赚得盆满钵满，资产翻了几番。

聊天的时候，我感叹姑娘的远见卓识，引来她哈哈大笑，她说："哪有那么多远见，只不过我是一个没有安全感的人。"

姑娘只身来济南不是为求学，是为了离青梅竹马那人近一点。从幼儿园、小学、初中到高中，姑娘和男生一直在读同一所学校，然而，这样的同行在高考后发生了变故，男生拿到了山大的录取通知书，姑娘却名落孙山。男生的家庭条件不好，姑娘不堪学习压力，干脆拿出学费一心一意为他们的将来打拼。曾经许诺非卿不娶的人最后单飞。姑娘还是笑，"男人的心思太难琢磨，你笃定他离不开你，偏偏他就变了心，不过也没关系，男人可以是别人的，嫁值却是我自己的。"

有一位学妹，每晚雷打不动在女生宿舍里兜售生活用品，因为嘴甜价格又实在，我们都习惯在她这里买东西。熟识之后，我们会闲聊几句，我才知道她还有几份兼职。

我看着她瘦弱的身板，跟她开玩笑，"干吗这么拼命，难道很缺钱吗？"

学妹眯着眼睛笑，"我是爸妈捡来的孩子，家里条件不算好，我妈身体不好，我有手有脚早该养活自己了，能赚就多赚点，还能贴补家里。"

我问学妹有没有恋爱，她沉默了一下，然后摇了摇头。

"有过，不过很快又分了。他听说我将来要带着父母生活，嫌负担太重。"

"错过你这么好的姑娘，是他的损失。"我拍了拍她的肩膀。

学妹又笑眯了眼，"没什么，比起恋爱这件事儿，我还有更多重要的事儿要做。"

两位姑娘生活得都很拼，即使爱情以刻薄相欺。

朋友的朋友，哲学系女博士Ａ，年纪轻轻就被确诊为红斑狼疮，医院给出的结论是：这孩子活不过 18 岁。

医药费庞大，她的父母为此而离了婚。

然而，这姑娘并没有因为这样的天塌地陷表现出丝毫的悲伤，她总是笑嘻嘻的。那段母女相互扶持的最艰难时光我不得而知。我只知道，她刚过了二十八岁生日。

大四那年，她在美国做交换生，每天伏在电脑前写论文到凌晨两三点，她跟所有普通的留学生一样拼命，甚至比正常人更努力。读研的第一天，她就拒绝了母亲微薄的退休金，利用空闲时间在公务员培训班做讲师的收入，来维持自己的生活和药物开支。

这位姑娘还时常开导自己的母亲去做些喜欢的事，而不是把精力都用在她身上。生活被她安排得妥当又充实，母亲因为她的态度受到鼓舞，也逐渐开始放手去做自己喜欢的事，经常与同事搭伙旅行，与人结伴去跳舞，甚至还报名了插花艺术培训。

她说："我不知道上天安排我哪天死掉，每天我都当最后一天来过，随便哪天挂掉我都不遗憾，我来了，我活过。"

闺蜜的女同事，是一位性格爽朗的四川妹子，人长得漂亮，工作也很拼命，工作几年就自己买了房。身边的同事调侃她，"只要你愿意，分分钟就能嫁土豪，何必这么辛苦？"

她笑一笑，不置可否。

公司的成员来来去去，身边的朋友陆续结婚，她买了车。

在闺蜜的婚宴上，我称赞她女王范儿。

"女人的幸福感就像分散投资，我不能将幸福全押在男人身上，与其在遇人不淑或者等不到人的时候自怨自怜，不如早做打算，自己低头努力，至少还有物质垫底。"她如此回复。

嫁人凭天意，嫁值靠自己。姑娘们的未来如何姑且不论，仅凭这份"即使手无寸铁，也要举刀而立"的气魄，也值得尊重和鼓掌。

新女性时代，越来越多的女性站出来宣言："比起嫁人这件事儿，我还有更多重要的事儿要做。"生活不能尽如人意，我们无法选择自己的出身，却能让自己变得更好。也许，我不擅长厨艺，但是我对美食有乐于享受的心情；也许，我不是家务达人，但跟我在一起的人会感觉轻松自在；也许，我不会早早要孩子，但我对世界依然保持孩子一般的探索和好奇心……婚姻也不再是女人追求自我价值唯一的目标，修炼嫁值却是热爱生活的我们必做的事。

女人的嫁值不是做饭、收拾屋子、生孩子，而是自我人格魅力的提升、明亮温暖的笑容、善解人意的态度以及落落大方的谈吐，这种以自己喜欢的方式前行，让自己觉得幸福，让他人觉得舒服的姿态，才值得你去努力。

当然，婚姻虽然不是女人的全部，但关于嫁人这件事儿，我不得不承认，有嫁值的姑娘，运气总不会太坏。

独居姑娘的幸福是道一人份的菜

我的朋友米兔去了上海。

前些天我看到米兔微博里贴着一张路灯下一个孤独的影子的图片，看她写刚加完班的深夜，一个人行走在宽阔的柏油路上，想给朋友打个电话，手机在通讯录上来回滑动，最终放弃，于是，一个人慢慢地走到了家。

我这人属万年资深潜水党，一向吝啬于点赞和评论。

但是，看到这条消息，我还是忍不住停了下来，然后用手机敲下一句评论：亲爱的，人生总有独行路，加油。

高木直子的绘本《一个人住第五年》出版的那年，我还在学校里过着小团体的群居生活，完全没有代入感，只是看着好玩。

毕业之后，我去了湖南岳阳，掐指算算也不算久远，如今回忆却觉得山重水复，寄托了满格的情绪。

独自一人住在洞庭湖畔的小单间，一个关门的动作就能屏蔽掉喧嚣的世界。我的房间有一扇窗户，站在窗边就能欣赏湖面风光，现实却用行动鄙视了我的无知，窗户密封不严，夏天蚊子从缝隙里摇摆而过，冬天湿冷的空气蛮横地钻进来，当我被蚊子和寒风狂虐的时候，只能不断虚构出无数个未来的潜在可能才能抵挡肉体的疼。

这种疼痛也出现在我的职场生活里，作为新人，我惊慌失措，做任何事都会认真思考之后再行动，对领导交代的事诚惶诚恐，对同事的要求百依百顺，生怕一个不小心就招人嫌弃。

对工作投注了太多的精力，便再没有多余力气研究生活技能，于是下班去哪里吃饭也很让人头痛。

工业园的快餐小吃翻来覆去老三样，炒米粉、炒河粉、热干面，时间久了，连味蕾都变得麻木。

有时候，人就是这样潜力无限，越害怕的事情你一旦去做，就不再想去寻找依靠，任何人都成了负累。

熬过了职场的阵痛期，度过了心慌的生存期，我终于学会了体面地生活。

我买来锅子和餐具跃跃欲试，慢慢从煲汤开始学起。开始掌握不了火候，不是水太少，就是水太多，手忙脚乱熬出一锅粥，后来终于轻驾就熟，可以就着电饭煲氤氲的热气快活地听歌看书写字，时间一到立即盛出一碗红豆、小米、莲子、桂圆、豇豆、红枣、枸杞和老冰糖水乳交融的八宝粥，身心都是满满的成就感，自此再不肯委屈自己的胃。

一年后，我换了工作，也从湖南搬到了北京，也习惯一个人的生活，且越来越享受独处的快乐。

当然也有狼狈不堪的时候，独自加班的夜晚打车回家，黑车老板旁敲侧击追问生活状态，刚开始的时候，自己傻傻回答了几个问题。在情况不对的时候，心底是发颤的，手脚冰冷不知该怎样拯救自己，强迫自己冷静的时候，灵机一动给外地的男闺蜜拨电话过去，拿着手机大声讲："老公，我今天又加班到这个时候，已经坐车回家了，嗯，司机先生人很好还陪我聊天，你记得帮我倒杯开水冷上。我到楼下的时候，你再下来接我哈。"

男闺蜜只是微微一愣，就接口说："你们什么公司天天加班，我这就给你倒水，等你回家。"在湖南的时候，我们总是以这样的恶作剧形式摆脱一些推不掉的相亲，接完电话总会一脸歉意地跟相亲对象道别。

司机将信将疑，将车开到了我租住的小区，悻悻地看我下了车。

我下了车狂奔，翻开包拿出钥匙，双手哆嗦得厉害，试了几次才将门打开，关上门立刻瘫坐在地上，一截身体倚在墙上才发现冷汗已浸湿全身。

此后，我果断搬去离单位很近的小区居住，即使事情过去了好几年，滴滴打车已经成为风尚，我仍然不敢单独乘车。

还有一次放假，我一个人不知不觉在郊区走了很远，有陌生人过来搭讪，谎称自己手机没电要借用我的手机打个电话，那时我的警惕心很强，坚持让对方将手机号码报给我，我来拨电话，对方则坚持我把手机递给他，彼此僵持不下。我们都在观察四周，最终那个男人看看附近不时有人经过，与远在路边黑车上的人对视一眼，就转身离开了。我这时突然想起来在天涯上看过的有个女生发的借给人手机被迷晕差点被带走的帖子，吓得拼命狂奔，生怕对方下一秒将我捉去。

除掉这些鲜有的危险事件，还有很多沮丧的时刻，一个人不敢看恐怖片，夜晚睡觉永远留一盏不灭的小灯，尿急了宁可憋到睡不着也不肯夜访卫生间……独居的生活，没有让我从胆小的女生变身成无敌金刚，我丧气过却没有放弃过。

因为独自的生活，我学会了担当，学会了独行，学会了很多生活技巧，变得有信心照顾自己和他人。一个人住的那段时光，让我成了现在的我，也许我依然不够好，仍有许多的缺点和不足，但依然不妨碍我对这个比过去更坚强的自己的喜爱。

独居的快乐，是一道"一人食"的菜，不多不少刚刚好，一个人在适量的孤独里整合着内心，能让自己清醒地看世界，也能让自己理性地看自己。

而过度的孤独却袒露了智慧的欠缺，学会与内心世界的自己相处的人，才尝得出这一人食的味美。

每一次改变都是命中注定

　　十月的空气自带桂花香，我一个人在学院路走过，看着柿子树上曾经青涩的小果子带着胀痛的表情在枝条里长大，散发出香甜诱人的味道。站在树下往前走一百二十步，再左拐，就到了我参加的插花培训班。

　　学习的间隙，我认识了周琛，她熟龄，美女，开了两家瑜伽馆，有一双爱笑的眼睛，为人热情，性格友好，让人不由自主想靠近。

　　熟稔了，我们常约在一起去美容。

　　有段时间，我工作压力特别大，经络堵成絮，头发哗哗掉。

　　周琛来送从老家带来的特产，见我一副生无可恋的表情，忍不住调侃，"就算咱属拼命三娘，也不能不要命吧？"

　　"我要跟你一样好命，早早就实现财务自由，肯定天天给自己放假。"

　　"这世上的确有人天生好命，可惜还轮不到我。"她娇嗔我一眼，反而惹得我虎躯一震，听话听音，这妞背后有故事。

原来，周琛得到的第一桶金，其实是被朋友坑了才得来的。她大学刚毕业那两年囊中羞涩，朋友力邀她一起加盟开饰品店。周琛想但凡女生都偏爱精致，在手头宽裕的前提下，都不会吝于为性价比高的东西买单，慎重考虑之后，她拿出了所有的积蓄与朋友合作，给自己留了五百块做生活费。

因为周琛要工作，选定了店址以后，她们商议装修事宜由朋友全权负责。结果对方耐不住男友的恳求，一周后飞去了厦门发展，只留给周琛一个空荡荡的店面，落跑了。

房租已交，退租无望，没钱进货，公司因为周琛频繁请假将其辞退，这些事情加在一起造成的伤害至少十万点。

猝不及防的灾难粉碎了周琛安全感的全部来源，也锐化了她刻在骨头里的倔强。她联系了大学的几位室友借了些钱，拎着编织袋就去了批发市场，周琛的小店就这么开业了。

店铺的位置离学校不远，且物美价廉，所以生意不错。一年后，周琛扩了门面，将饰品店开成了礼品店，掘得了人生第一桶金。

如果没有这一场意外，周琛是不会开店的，而是循规蹈矩地做个上班族。

斯多葛派哲学的精神教父赫拉克利特说过"一切皆流，无物常住"，不可预知是生活的本质，在没有选择余地的时候，对选择的承认和容忍幅度，最终决定一个人生活的高度。

这场人生中的灾难激发了周琛身上的隐藏性格，如潘多拉盒一般改写了她的人生。

　　叮当是我发小的表妹，资深娱乐八卦发烧友，因为酷爱各种综艺节目，好奇光怪陆离的娱乐圈，高三铆了足劲，顺利从学渣逆袭成学酥，磨刀霍霍谋定某大学新闻系，立志做个成功的娱记。奈何事与愿违，叮当的成绩不足以被新闻学专业录取，被调剂到中文系。

　　出师未捷身先死，好在叮当天性乐观。这妞古灵精怪，常常脑洞大开，尤其擅长写生活里被人忽略的各种小事，把细节写得惟妙惟肖，进校不久就赢得了关注。只一个学期，她就被特招到院文学社做校刊编辑，大三水到渠成做了校刊主编。

　　临近毕业，武汉一家知名杂志社进行校园招聘，叮当屁颠屁颠地跑去应聘，最后得到一个实习机会。实习期她早出晚归，天不亮就从家里出来跟着老师到处跑采访，晚上到家常常倒床就睡，累得连动手刷牙洗脸的力气都没有。

　　那段时间，再没有人听到叮当龇牙大笑的声音，额头和脸颊的痘痘、眼底的黑眼圈都见证着她对这份工作付出的努力。实习期过去，叮当在工作上已经完全独当一面，时常独自采访出稿，杂志社领导告诉她单位暂时没有名额，关于转正的事希望她能等一等。这一等就是一年，叮当每月拿着微薄的实习补助，每天奔波在城市的每个角落，搜寻新闻素材，晚上兼职写软文维系生活。

　　在春节小聚的饭局上，我问她，"这么累，有没有想过放弃？"

　　"为什么要放弃，一直能够去做自己喜欢的事，即使累些不也是一种享受吗？"她有些诧异地反问。

　　叮当没等到转正，却等来了杂志停刊的消息，主任尴尬又愧疚，她怔了怔笑着表示没关系。

辗转到济南，叮当去了一家小的广告公司，公司业务不多，那些高端大气上档次的合作也争取不上，每月的工资依旧少得可怜。所以，候鸟般的叮当又去了花园路的影楼成为一名化妆师助理。群里聊天，叮当自嘲是只开了眉角的信封，正文还完全没有着落。沿着地图的脉络凝视，指尖划过的每座城市都能让我们满满的憧憬瘦身，城市的虚无和寂寞，让人怀疑自己生命的意义的同时又不得不面对自己的恐惧，可也在这个过程中让自己变得更好，更强大。

我不知道叮当是如何度过那段乌云遮日的沉默时光，只知道她从小小的助理一跃成为炙手可热的首席化妆师只用了三年时间。

有趣的是，叮当在这份工作中认识了许多客人，他们有让人艳羡的经历，有令人唏嘘的曲折，有人守得云开见月明，有人寻寻觅觅仍形影单只……叮当在闲暇之余将这些故事写在了微博里，它们如一支精致的透视镜在文字里折射出赤裸的人性，因此颇受追捧，陆续有杂志向叮当发来邀稿函，于是她有了人生的第一个专栏，散落在微博的那些故事也已有编辑在商谈出版。

生活没有固定模式，当梦想拒绝你再踏进一步，就尽量体面地去接受全部挫败，它最具价值的教育不是教你看懂枉费心机，而是让你别奢望梦想都能实现，也没有一个改弦易辙的行动是错误的。

我们居住的城市外表光鲜，从不乏新的坚持和旧的固执。我们之所以战斗，不是为了改变世界，而是为了不让世界改变自己。

在"给残酷社会的善意短信"里，蔡康永也曾说过这样一段话："我常常被问：'人生有什么意义？'我大都这样回答：'人生有滋味，意义就无所谓了吧。'酸甜苦辣，都是人生滋味，尝一尝，挣扎一番，挺有意思的。也许有人反问：'如果我的人生全无滋味呢？'如果全无滋味，'意义'应该也补救不了什么吧！"

生活真的没有我们想象中的美好，也没有想象中的糟糕，好的生活不会让你事事顺遂，坎坷磨砺颇多，却也让你变得柔软了。你十分努力，只有一分所得，但最后得到的都是最初没有想到的。现实汹涌，每个人都会有一段异常艰难的时光，生活的窘迫，工作的失意，学业的压力，爱得惶惶不可终日，让我们变得格外焦虑，而焦虑的后果便是如同无头苍蝇般每天都不停歇但依旧一点头绪都没有。其实面对焦虑最好的方式就是接受现实。当然，接受现实不是放弃，而是学会在现有的旧事物上拥抱新的快乐，在力所能及的小事上不犹豫不纠结，有想法就去尝试，你才有可能从容不迫地过自己想要的生活。

每一次改变都是命中注定，也没有哪一座城市不下雨。

最好的友情是彼此双赢

周末随意刷了下朋友圈，我看到大学时期性格最跳脱的室友若梨宣告关掉朋友圈的一段话，她写：打算关掉朋友圈了，彼此有爱的人，不惧距离。我最近容易散发负能量，为了防止不好的情绪传染别人，决定切断途径。不麻烦别人不给别人增添烦恼是美德，默默处理好自己的生活，等我攒足力气再回来。

若梨的状态发出来，我们小团体的微信群就炸了，连万年潜水王瓶子都出来了。

"若梨，出来，这是怎么了？"

"天呐，逗逼女神你闹哪般？速速现身！"

"大若梨，有事说事，不带这样的啊。"

我们几个七嘴八舌地发着消息，千呼万唤都没回应。

最后老大瓶子抄起电话打过去，打了很久若梨才接，瓶子只来得及"喂"了一声，电话那端的若梨便已泣不成声。

我们心急如焚，也只能耐心地等着，一小时后我们从瓶子口

234

中得知，若梨的未婚夫骗光了她和爸妈的所有积蓄，卷款与别人风光结婚了。若梨的父亲怒急攻心，血压升高住了院。这还不是最糟糕的，若梨前段时间帮未婚夫签了一笔贷款，如今讨债的人上门来，还债刻不容缓。

灾难从天而降，让人猝不及防，若梨找不到渣男，和母亲一起去亲戚家借了钱还债。父亲出院回家唉声叹气，若梨心灰意冷也不想一脸落魄示人，打算切断一切与世界联系的途径，独自养伤。

听完事情来龙去脉，宿舍脾气最好的娃娃忍不住爆了粗口，"若梨，你真是缺货，缩在壳子里掩耳盗铃想骗谁呢，你这么躲着生活就能变好了？你不打扰我们不给我们添麻烦，你有问过我们的意见吗？"

是的，你有问过我们的意见吗？

敏锐如娃娃还是这么犀利，一语中的。

从什么时候起，我们纷纷开始奉行不打扰别人的精神，并以此作为对待他人的最佳美德？所以，现在的你宁可在深夜痛哭，也不会与昔日的朋友打个电话，彼此同在一个城市好几年，却难得见面。无论老相识还是新朋友，从最初促膝长谈到最后渐行渐远说断就断，如果对方不说话你绝不会先开口。

成长的过程很艰辛也很孤独，独自成长的你在跟稚嫩的自己告别的同时，也开始渐渐走进这种孤独的盲区。

而在这样沉默的背后，是你每天盯着天花板数千只绵羊才能入睡，朋友圈里的每一张图片你会一看再看，多年以前发生在我们身上的闹剧在你脑海里历历在目如数家珍，每年一次的同学聚会，你明明渴望至极，可话到嘴边，你又对自己说下次再去吧。你也常发状态，表示你现在很好很愉快，但只有自己知道，朋友圈被点评强大的你，已是表皮难掩内心的溃败。

你看，不是你变得无坚不摧了，脆弱还是一如从前，只不过你胆子变小了，一个人跟跟跄跄、跌跌撞撞地走了太长时间，再不敢相信你在别人心里很重要，所以，很多时候因为怕拒绝所以你便率先隔绝了可能来自对方的关心。

你觉得不打扰是你的温柔，但不是泛泛之交的你，有没有想过朋友的感受？

那些我们生命中有过交集的日子，我们是彼此的见证人，你见过我贪吃的嘴脸，我看过你狼狈的哭相；我犯懒的时候你一边骂我一边把衣服收进你洗衣盆，你刻意减肥饿得两眼发黑我强行灌你豆浆一杯；你约会晚归我帮忙打掩护，我失恋痛哭你给我打饭打水；还有更多平淡的日子里，我们结伴逛街结伴读书结伴去听一场演唱会，即便我们没能一起走过千山万水，没能尝遍祖国美食，即使如今的我们相隔千里，我仍笃定再也找不到你这么好的人，曾陪我走过明明白白的青春。

最初分开的日子，我们彼此鼓励彼此安慰过，可是，当悄悄溜走的时间成了岁月，已然成熟的你开始尝试着接受以前拒绝的一切，也格式化了我们之前的亲密关系。你尝试着吃一道你以前从来不肯吃的菜，尝试着看一本你以前绝不会看的书，尝试着做你以前从来不会碰的手工，却隔断了自己头顶着的太阳。

　　当然，你并不是冷漠，相反，朋友需要帮助你总是第一个站出来，热心又诚挚。只是，当你自己遭难了，就默默地找个角落遁了。

　　你说不要给别人添麻烦，自己的事情自己处理。但是你毫无保留帮助对方的时候，怎么从没想过不想让对方打扰你的生活？难道你不明白，最好的友情和爱情是一样无关风月，不要求别人而是在平淡的流年里彼此挂念各自成长？

　　天涯上有两个热帖，楼主夫妇和另一位女生在大学时候是关系很好的同学，大学毕业之后，楼主夫妇分别去了地税局和银行工作，而他们的朋友则没有那么幸运了，她在一家企业工作，两年后企业倒闭，朋友失业了。楼主夫妇看朋友经济窘迫，于是很热心地通过家人的关系帮朋友安排了新工作，朋友对此非常感激。后来，楼主的丈夫在单位体检中查出癌症，夫妻俩瞒着自己家人和朋友去省会医院治疗，事后才坦白告知。朋友在得知原委以后，怪他们不把自己当朋友，说人多力量大，自己刚好有个表姐是医院的专家，也许她帮不了楼主夫妇多大忙，但是做些力所能及的事儿还是可以的。这件事之后，朋友和楼主夫妇变得疏远，楼主发帖问自己到底做错了什么？

　　另一个发帖的女孩也是因病住院，她的两位好朋友来看她，一位朋友收入一般，去医院探望楼主的时候留下了一篮水果和两百元钱，之后经常通过电话和微信关心楼主鼓励楼主；另一位朋友收入较高，前去医院探望的时候给楼主留下五千块钱，在探望之后很少与楼主互动。于是，楼主发帖问到底是穷朋友还是富朋友是好朋友？

在我看来，这两个问题颇有趣味。两位楼主的想法和做法本身没有错，错的是与自己的朋友之间，对友情的定义不同。

友情对朋友间的智慧和默契是非常严格的考验，人与人的交往之初多是因为趣味相投才比肩而立，倘若朋友间在如个人感情、社会地位、经济条件等方面处于失衡的状态，必定会有矛盾产生，这种矛盾的效用如同米饭里未淘洗掉的沙砾，在你毫无防备的时候带来出其不意的伤痛。

最好的友谊是彼此双赢，好朋友认同你的思维，也会尊重你的想法，朋友间的相处不需要刻意，落后了不会要求对方停下来等待，而是自己加速前行直至并肩。朋友间的友情不会挂在嘴边，但一定存在彼此心底，付出不求回报，但你对她丁点儿的好，她都想加倍还给你。

再说若梨的故事，瓶子托律师朋友帮她追回了少量的损失，娃娃休了年假带若梨去厦门玩了一周，我在她们回家以后，从朋友那儿为若梨找了份兼职的设计工作，告诉她好好劳动，损失了的很快会赚回来。

你看，友谊的本质就是情愿，成熟的你抗拒朋友的关心多没礼貌？

因为下雨天，记得撑好伞

一个人加班的雷雨天，我下了出租车，撑着伞慢慢走过街道，走向自己的蜗居。

回到家，快速洗了个热水澡，然后为自己冲了一杯蜂蜜水，沁入身体的寒冷也开始慢慢回温。

时间尚早，拧开书桌上的台灯，拆开快递：一抹果冻粉跃进眼底，这嫩嫩的颜色似春意的温柔，只是一眼，便俘获了我。

捧着书将一篇篇跃然纸上的故事细细读过，我在想，此刻有什么可以与陌生的你分享。

书里有两句话让我印象深刻："曾经世界被你照亮，后来那些丢盔弃甲、仓皇奔逃的时刻，保留的，就是温暖余生的那一簇火。那是理想，是愿景，是坚持，是星辰，也是此后你漫长人生要走的道路。""我们有很多重要的东西有意无意间都丢了，走过的路、去过的地方、见过的人、记住的事。但是也会让另外一些在生命中继续留存，比如坚持，比如爱。"

总结到位，万分点赞。

生活薄凉、工作四处碰壁、经济捉襟见肘这样的事儿在年轻人身上实在正常不过，但是，对一个对生活暂时失去信心的人来说，任何一件突发的小事都会成为那根压倒骆驼的最后一根稻草。每一个逐梦人都不是甘愿被折断翅膀的，只有经历过的人才能写出这样让人入戏的句子。

在已经成为过去的 2015 年，我遭遇了几场不大不小的变故，生活一路跌到谷底。朋友寄来的这本书显然戳到了我的疼痛点。

我出生在山东，在重男轻女的大环境下，一个女孩子要如何摆脱沉重的舆论枷锁走到更远的地方去，读书是最好也是最艰难的途径。而众所周知，我所在的地方是高考的重灾区，且分数年年居高不下，在这种环境里想要凭借成绩来筹谋未来的艰难度可想而知，但是，普通如我，只有这一条路可走。所以，路再崎岖，过程再艰辛，我也只能一声不吭去努力奋斗，十几年如一日埋首在书本里只为了一场定终身的考试拼尽全力。

幸运的是我考上了大学，不幸的是学校所在的地方仍在家长的可控范围。

毕业那年，我和父母在去外地工作还是留在家乡的问题上发生了激烈的争吵。最后我坚持离开熟悉的环境，脱离二十多年被家长规划的路线，去了一座全然陌生的城市工作。事实上，下决定的时候我惊慌失措了很久，最终没能抵过脑海里时刻幻想着的"一个风驰电掣的女汉子潇洒走天涯"的画面而变得积极起来。

一个人租房，找工作，然后结识新朋友，在北京工作了半年，于忐忑中我完成了独立的蜕皮。生活依旧忙碌，每天拖着疲惫的身体回到合租房，做好晚饭与室友们分享（在姥姥的熏陶下，我厨艺不错，伙伴们连续吃了三天之后，一致决定大家买菜我掌勺）。饭毕，我会钻进房间打开电脑完善电子记事本，选本喜欢的书阅读，选部青睐的电影，或者写一写身边发生的故事，听上去很平淡吧？嗯，平淡依旧平淡，幸福感却丰满了，并且在不断前行的每一天，这种幸福的快感与日俱增。

不可言说的苦痛也是有的，业务不够熟练会沮丧，夜深人静会想家，独自过节会落寞，一个人行走会惊慌，没有人送伞的雨天难免头顶着包狼狈奔跑。对当下的生活产生悲观情绪的时候，我总会想起最好的朋友。在爸妈说我不撞南墙不回头的时候，在朋友说我太能折腾的时候，只有她坚定地站在我身边，对我说："也许，柏油路边任何一棵树的寿命都有可能胜过我们，去做自己想做的事儿，这没什么不好。"

生活不只是悲观和虚无，在你不易察觉的时候，在你体感不到的消磨中，你领受的单一和漫长的力量，这都是做人的代价。

在我生活的周边，时常会碰到一些活得精神高贵的女生，她们对喧嚣的世界不抱怨，在没有任何期望的生活里活得认真而努力，认准的事情会甘愿为此倾覆，且不过多考虑得失。

说实话，曾经我并不欣赏这样的生活态度。

因为童年寄养的经历，我比大多数的女生更缺乏安全感。在很长一段时间，我生活的唯一目标是力图做一个让人认可的完美女生，为了这个目标我消耗了自己所有的时间，最后才悲哀地发现：我极力想做的事也许这辈子都无法实现。

我又不是人民币，怎么可能让每个人都喜欢？

有人会说，你浪费了这么长时间才懂得这么一个浅显的道理，真够蠢的。

是的，我承认我不聪明，也不会为多走了一条曲折蜿蜒的路而感到后悔。

有些路，不曾一步一步亲自走过，又怎么会感受深刻用力过度的悲哀，而后才迎来脱胎换骨的觉悟？

梦想未必会回应追梦者的任性，甚至会不断打击你的自信，消耗你的热情，有人却依旧在这样日复一日的轮回中不囿于外界因素，步履坚定，我行我素。

我们的人生都是一条曲线，如果起点无可选择，通向终点的过程却有无数个选择，有的人有孤勇直行的骨气，有的人有知难而返的优雅，勇敢面对已发生的事并坦然接受，正视自己的内心不装聋作哑，只要你觉得自由的能见度和付出的力气成正比。

站在原地，还是奔赴远方，岁月都不会因为你的抉择而停止变迁。我们终究要长大，在成长的过程中，有欢笑喜悦，也有眼泪悲伤，总会有人不断与你相遇，他们出现时不会索然无味，离开时也没有丝毫的矫揉造作。他们带给你锦上添花的关怀，有雪中送炭的照顾，也有戳中心脏的伤痕。生命中的这一次次路过，你也许受用一生，也许受用一时，也许受用某一瞬间，长短从来不是问题的关键，关键是那一刻，你会醍醐灌顶，顿生了然。

　　人生最大的悲哀是心灵没有归属，你自己都不能够坦然接纳不完美的自己，不能抬头挺胸往前走，也只好低头看看水中天。

　　而生活是一块不加糖的巧克力，你拒绝吃苦，也就尝不到它的甜，对生活的热爱你才会看到治愈的无处不在。

　　说到底，完美还是不完美都不重要。

　　遇到下雨天，记得撑好伞，才是当下最重要的事。

真正努力的人是没有时间晒努力的

网上有段时间特别流行一句话：你晒什么说明你越缺什么。

真相就是这么残酷。

事实上我们周围有很多人执着于展示自己的努力，在社区里发帖打卡，积极在各种晚上训练营里做着酱油侠，因为你只是看起来很努力，所以你才晒得这么在意。

带着这样的真相再去看看你的朋友圈。

如果有爱逛街的朋友发状态说：为了赶文案忙了整个通宵，好累。但事实的真相可能是，她下了班跟男朋友逛了逛街，吃了晚饭，又看了场电影，等回到家的时候已经深夜，才想起来写文案。

如果患拖延症的人发状态说：这次的职场考试又挂掉了，我这么努力看书为什么还这么苛待我！但事实的真相很可能是她日复一日刷了豆瓣刷微博，直到考试前一周才匆匆抱起书本囫囵吞枣地看了一遍。

有学酥属性的人发状态说：在图书馆泡了一个学期拼命读书，

然而这并没有卵用，奖学金依旧拿不到手。但事情的真相是，他确实泡在图书馆里埋头看书，不过是把东野圭吾的小说翻了个遍，与专业课扯不上半根毛线的关系。

既然你这么努力，你拼命晒什么努力？

既然你只是看上去很努力，又何必晒努力欺骗自己？

在每个女人都在叫嚣要么瘦要么死的现在，慢小姐绝对是减肥道路上最漂亮的一胜，她身高 164 公分，用了三个月的时间把 65 公斤的体重降到了 48 公斤，并且至今保持这个成果已经三年。

很多朋友或许会对此不屑一顾，毕竟有人天生好命是易瘦体质，而有人抬抬下巴喝口风都会长二两。

但我会告诉你她没在朋友圈里发过宏愿，也没在论坛发过鸡血打卡帖，只是每天严格遵守计划健身、少食，日复一日，无数个你大快朵颐的时刻，她在跑步机上挥洒汗水；你潇洒逛街消遣的时候，她在骑动感单车；你忍不住嘴喝饮料聊八卦的时候，她在研究饮食健康，手里端着的永远是自备的温开水。你羡慕人家腰细臀翘手臂纤细，却不知她即使加班到很晚都不敢间断运动。

还有我曾经特别喜欢的自媒体大 V，刚开始的时候以为他们更新的每篇内容轻而易举，无非是找些网上比较热的文章然后去联系授权，然后找些适宜的图片做好排版就搞掂了，原创咖则稍稍累一些，因为每天要更新一篇文章，但是更新的内容少啊。所以，一直以来我印象中的自媒体就像网络里的机关单位，聊聊天喝喝茶，剩下的时间坐等广告收入就可以了。真正接触自媒体以后，加了各种群认识了很多人，才发现真相是很多人每天熬得眼睛干涩颈椎疼痛，起得比鸡早睡得比驴晚。就连下班后的夜晚，吃饭喝水都在想选题，你洗漱好美美地躺在被窝里刷内容的时候，他在熬夜赶着第二天的更新，你所看到的每日一篇的原创都是这么来的。

还有身边那些早早就升了职的同龄人，常常让人看着羡慕嫉妒恨，事实的真相也没你想得那么阴暗和不公平，每一分在人前的轻松如意，都源于背后的暗自努力。

退一步讲，你努力是你的事，你努力要成就的也是你自己，你百分之百的努力跟百分之一的人都扯不上关系。

我的前公司曾同时招来两个姑娘，A很认真，日复一日处理着那些不胜其烦的琐事，每天总是最早一个到公司，当然走得也很晚。她不仅朴实勤奋，还是位心地善良的女生，待人接物充满了善意，又特别乐于助人，以至于总有同事喜欢将任务推给她。我却从不曾在她口中听到抱怨，也从来没有听到她在背后说别人一句不是。

她的桌子上贴满了"每天给自己一个微笑""历经风雨才能见到彩虹"的励志话语，尽管它们听上去既庸俗又土气，她却非常相信这些话，并坚决以身体力行证明这些心灵鸡汤应该被信仰的绝对魅力。

B娇俏可爱会撒娇，没事就刷淘宝，若是领导没有明确指示她做哪些事，她眼里的工作就是没活可干的。

A后来去了公司福利最好的业务部，留在储运部的B一小时刷新了四五次微博，抱怨自己的努力与付出不成正比，努力抵抗不了好运气。

事实上，即使你精神上标配了"努力型"人格和"别人荒废时间时我在拼命"的风骨，可惜体质与精神配型不符，就别怪在一大堆真正努力的人群里分分钟被掩盖的事实。

既然是为了自己，请屏蔽掉一切"晒"努力的心虚行为吧，要知道努力是一件深沉的事，标榜努力而不低头努力则是最该差评的态度。

卸下盔甲，让你的生活柔软着陆

去年春节临近，我这个慢热的人率性了一把，先年后的离职潮一步，利落地辞掉了工作。

春节之后，周围一票朋友急匆匆收拾行李开始为新的一年奋斗和打拼的时候，我依然泡在家里懒散度日。

好朋友辛薇对我这种浪费时光的行为相当不屑，她觉得只有在百忙之中勉强挤出的假期才够甜蜜。像我这样被惰性掌控的生活显然不够感人肺腑，成为彻头彻尾的 loser 可能性反而更大些。

她说："夏夏，当下的社会，快节奏的生存方式只允许你刀枪不入，不流行温柔有度，你这样恣意妄为，并不是酷，是落伍。"

辛薇自有说这话的底气。学生时代她一路学霸范儿，证书拿到手软，大学毕业以后顺利应聘到一家儿童医院。从小儿外科到小儿内科，最后转战到业务最繁忙的 ICU 监护室，她只用了五年时间。

这五年，她拿到了在职研究生的学历证书，同时相亲成功，顺利地恋爱，按部就班地结婚并有了一名可爱的宝宝。

这么多年，她生活得都是如此理性而强悍，沙漠一样的生活也能踏出一马平川的愉悦感，尽管她身材娇小姿态柔弱。

的确，在光纤速度决定结果的时代，我们想要寻找的追求的东西，都能以便利的方式迅速获得。你找工作有专业的招聘网站，你想旅游分分钟就能搜到资深的攻略分享，甚至你想恋爱发个征友贴就能收获回应无数。满世界都在以效率说话，每个人被这样的节奏挟裹着，着急着买房买车嫁人生子，像动车一样不断提速再提速。生活赋予我们的角色太多，为人子女为人伴侣甚至为人父母，为人同学为人同事甚至为人上司，我们在数不清的角色里不停切换，压力大责任重，不披上盔甲根本扛不住。

身边如辛薇一样强悍的女生越来越多，她们勇敢骄傲，她们风风火火，一口唾沫一个钉儿，工作上踩着十公分的高跟鞋与男人齐头并进，生活上修得了马桶换得好灯泡，经济上独立拥有绝对的自主权，她们在不同的处境之中永远是一副打不垮击不倒的姿态，她们是娇嗲的绝缘体，那是软妹子的专利，而她们叫女汉子。

记得，大学读书时期，辛薇曾经拒绝过一名很优秀的男生，这样的结果让我们很意外。因为，辛薇跟这个男生性格很搭，彼此相处融洽，本该是水到渠成的恋情。可是，辛薇却不这么认为。

她说："我们两个不是一个地方的，与其毕业时为分开而纠结，不如现在就不要开始。"

后来，男生标配了女朋友，辛薇躲在被子里痛哭过一场。

我知道辛薇不曾为此后悔过，可是，身为看客的我，却因为目睹而心痛过。我不知道，一个女孩子，在最美好的时光，究竟要有怎样的毅力和勇气才会做出这样冷静理性的选择。

我不否认，效率是成功标准的社会观。

可是，亲们，如果做了万全准备却仍旧出错，你要如何处理？过度追求高效率而造成的身心超负荷你又该怎样平衡？

你追求速度却没有留出足够缓冲的距离，你目标远大却没有预留足够弹跳的空间，你节奏急促却失去了从容喘息的空隙，你企图撞线取胜却忘记了盔甲再坚硬都不是你肉身。眼睁睁看着自己像博尔赫斯笔下的那个国王一样，精心构筑了足够抵抗一切的迷宫，却生生困住自己，你不心痛吗？外在的盔甲无论有多坚硬，躯体里的心脏都是柔软的，你真的不是变形金刚啊！

时代的发条不管怎样箍紧，刚柔并济、软硬兼施都是行走人间大道最舒服的方式。只有卸下盔甲，身姿柔软地生活，我们才能接住想要的幸福。

经济学领域的专家们一直在提倡经济软着陆。意思就是说，经济高速增长一段时间后，通过合理政策的引导，以温和的方式进入平稳增长区间，这样既能够保留高速增长的成果，又不至于因为速度变化而导致问题频频不断。

软着陆的概念放在生活里何尝不是一样的道理。无论是人生大事还是生活小节，从身材形象到内在提升，从职场打拼到情场奋斗，如果我们缓一点，慢一点，以更稳妥的方式避开可能存在的风险，收获的幸福更丰盈饱满。

那么，柔软的生活是什么样子？

　　柔是心态柔软，不与偏见硬碰硬，软是在硬性世界找到最牢固的着陆点，与自己交心，不以别人的认可来证明自己。

　　日复一日，我们都在有限的生活经历中获得有限的认知。卡莱尔说，生活的悲剧不在于人们受到多少苦，而在于人们错过什么；弗兰克说，我可以拿走人的任何东西，但有一样东西不行，这就是在特定环境下选择自己的生活态度的自由；帕斯卡说，所有的人都以快乐幸福作为他们的目的；没有例外，不论他们所使用的方法是如何不同，大家都在朝着这同一目标前进。

　　我们都一样，我们又不一样。你有你的经验，我有我的领悟。捡清薄的早晨跑步听歌，择慵懒的午后写字泡茶，在暖暖的傍晚散步赏花，这是我热爱的生活。

　　你喜欢就是好，不好也好。